THE DARK PATTERN

暗黑模式
欺騙使用者心理與行為的設計

仲野佑希 著｜宮田宏美、DARK PATTERN JP 編輯部 監修

SE
SHOEISHA

THE DARK
PATTERN

暗黑模式
欺騙使用者心理與行為的設計

U0154852

THE DARK

ザ・ダークパターン

(The Dark Pattern : 7246-0)

© 2022 YUKI NAKANO

Original Japanese edition published by SHOEISHA Co.,Ltd.

Traditional Chinese Character translation rights arranged with SHOEISHA Co.,Ltd.

through JAPAN UNI AGENCY, INC.

Traditional Chinese Character translation copyright © 2024 by GOTOP INFORMATION INC.

「人們會忘記你說過的話，

你做過的事，

然而，他們絕對不會忘記你帶給他們的感覺。」

——瑪雅・安傑洛（*Maya Angelou*）（美國詩人、運動人士）

前言

本書要講述的是「暗黑模式」，它是一種利用消費者的弱點，竊取他們的金錢、時間和個人資訊的手法。書中的焦點就是在數位行銷領域中所使用的欺騙性設計。

本書的一大特點是，並非針對身為「消費者」的你而寫，而是針對身為銷售產品和服務的「推銷員」的你而寫，例如設計師、撰稿人、行銷人，或者企業主。無論你的職業是什麼，本書都適合所有數位行銷者使用。也許有人認為「自己的工作與銷售無關」，但真的是如此嗎？

如果你正在設計網站的諮詢表單，那麼你就是一位出色的客戶代表；如果你正在設計廣告以吸引電子報的讀者或顧客，那麼你就與行銷有關。而這意味著我們都是銷售人員。

如果曾經涉足過銷售的人，應該會知道一兩種誘導同意的技巧吧。從顧客身上引出「Yes」的訣竅，現在已經可以在任何地方輕鬆學到。如果到書店走一趟，你也會看到書架上擺放著標題令人驚悚的書籍，例如「讓顧客購買的〇〇手段」、「操控人心的禁忌〇〇」等等。越是有刺激性的切入點就越暢銷。

然而，並非所有人與生俱來就已經掌握銷售技巧。如何運用說服高手所使用的誘導別人做出承諾的技巧，取決於個人的目的。你可以使用這個技巧成為一流的魔術師，也可以成為從顧客口袋掏出鈔票的扒手。

即使是透過不誠實的手段獲利的企業，其最終結果也是有好有壞。因為他們（至少在無意中）明白這種手法無法永遠持續下去，這筆錢只是欺騙顧客才得到的。

2016 年，在從事 B2B 銷售工作後，我成為了直效行銷（direct response marketing）的獨立撰稿人。在我職業生涯的早期，就有幸在許多客戶的專案進行 A/B 測試。因為對我來說，「文字會如何影響使用者的行為」是我最關心的事情。對我這個喜歡一點一點地蒐集小數據的人來說，這份工作就像天職一樣。

但另一方面，我也意識到透過數字主導來改善我的業務，正麻痺了我重要的感覺。例如當我急於向客戶展示成果，或者試圖為專案提高更多銷售額時，我所使用的文字就會在不知不覺中失去了客戶的觀點，開始傾向於操作性的東西。一旦你開始學習文案寫作、網頁設計或是銷售心理學時，往往想要過度使用它們，或是忽視了周圍的情況。這個發現也成為了我踏入 UX 寫作（幫助使用者採取行動，並提高體驗價值的寫作）領域的契機。

正如你所知道的，企業為了戰勝競爭對手會嘗試所有的行銷構想。乍看之下，很華麗的創作性作品的幕後，其實是很俗氣的東西。

拘泥於數字和結果的，不是只有經營者而已。身處現場的創作者也為了完成各自的責任，與各種壓力奮戰著。然而，這個壓力若是恰到好處就沒關係，但如果壓力過大，就會出現搞錯使力方式的情況。

例如，你可能想要得到好的結果並獲得上司（或客戶）的認可，或者你必須想辦法改善下週要報告的數字，又或者是一定要遵從企業組織的指示。

本來應該針對客戶的語言和設計，卻因為創作者的立場或各種原因而變成了以自我為中心的東西，這種情況並不少見。

我們每個人都會「騙人」。認為自己「還算老實的人」，也會在自己能容許的程度上做壞事或騙人。這一點，無論是經營者還是創作者都一樣。首先，我們必須承認，靠自己的意志斷絕暗黑模式的誘惑是相當困難的事。如果借用行為經濟學家的話「會騙人的不光是壞人而已」，那麼任何人都可能使用暗黑模式。

學習暗黑模式的目的是什麼？

答案非常簡單。因為將暗黑模式作為反面教材，你的工作就會更有說服力。而且這也是贏得顧客信賴的最短路徑。

商業上的說服力是什麼？那就是一致性。優秀的品牌會說：「我們會提供最好的購物體驗」，但他們不會強迫你訂閱 7 種電子報；或者嘴上說著：「把顧客放在第一位」，但他們不會將取消服務的按鈕藏起來。

提出崇高使命和願景的企業多如繁星，野心勃勃想要透過服務改變世界，這是很棒的事情。然而，當他們向顧客提出小小的要求時——例如，希望顧客訂閱電子報或者選填個人資訊的核取方塊時——常常會發現他們的態度突然轉變了。請試著思考一下，如果企業或品牌是一個人的話，你應該不會想要和一個會根據場合使用不同面孔的對象進行交易。

在介面上顯示的語言和設計，是你面對顧客與其攀談的語言及表現出來的行為。雖然看不見彼此的臉，但在這個過程中，你是否做了實際待客時不被允許的行為？你是否想要隱藏交易中重要的事實，強行哄騙顧客呢？

「借鑒他人，矯正自己」——這句話說得非常貼切。我們不會使用競爭對手所使用的陰暗手段，而是利用我們的優勢與顧客建立真正的信任關係。

＊ ＊ ＊

本書的目的是將焦點放在市場行銷中的暗黑模式。讓你適當了解你的文字和設計，將為螢幕另一端的人帶來什麼樣的影響。

這幾年大眾對暗黑模式的厭惡感持續高漲。不僅在銷售領域，在AI、大數據、遊戲，或是社交媒體等領域，圍繞暗黑模式的「設計倫理」的爭論也越來越激烈。

但所謂的倫理是一個曖昧的詞。一旦提到倫理，不少經營者或行銷人便開始含糊其辭，或突然改變態度。

因此，在本書中，我們從經濟理性的角度蒐集了非常有趣且可靠的數據，以便讓各種類型的人們對此更感興趣進而閱讀。並且，也會提到企業依賴暗黑模式所帶來的長期風險。深入理解暗黑模式將有助於保護企業。

此外，本書雖然刊載了國內外企業使用的暗黑模式實例，但目的並不在於對企業表達憤怒，而是要請大家關心問題本身，所以我們會盡可能使用模擬圖來取代實際的螢幕截圖。因為本書的目的不是要攻擊特定的企業。正如我一開始所說的，任何人都可能使用到暗黑模式。

將暗黑模式作為銷售技巧操作的時代已經結束了。企業培養的商業習慣或銷售手法中，雖然有些長年以來是有效的，但也有像暗黑模式一樣隨著社會變遷而不再被大眾接受的，那都是因社會成熟度和熱烈爭論而不斷更新的結果。我們現在正處於那個時代的轉折期。如果透過本書的內容能讓你有所察覺，並有助於改善情況，那麼我會非常開心。

準備好了嗎？我們馬上開始吧！

CONTENTS

Chapter 3
暗黑模式的種類

Chapter 4
如何防備暗黑模式

Chapter 1

何謂暗黑模式

學習暗黑模式時，還是先從基礎知識開始吧。暗黑模式是如何被定義的？它實際上擁有多大的影響力？本章節將說明暗黑模式的基礎知識。

讓消費者困惑的
網站設計

無心之過是誰的錯？

這是為了挑選朋友的新生兒賀禮而使用某個購物網站時發生的事。在眾多賀禮中，我發現了一條可愛的嬰兒毛毯，心想要是送這個的話，對方一定會很高興，於是我訂購了商品並附上祝賀訊息。

兩天後我才發現自己「做了蠢事」。當我打開收件匣，除了通知禮物已經寄出的郵件外，同時還收到大量的嬰兒服促銷資訊以及來自購物中心的通知郵件。很顯然地是我在訂購禮物時，忘了取消勾選訂閱電子報的核取方塊。在這個網站中，有 5 個電子報的核取方塊是預設為勾選的，因此我每次買東西時都必須要去取消勾選。

當我檢查信用卡的使用紀錄時，也發生了同樣的事。例如房租、水電瓦斯費、手機帳單、Spotify 訂閱費、Uber Eats 帳單、電子書費用……一旦經過確認，就會發現裡面有陌生的扣款。

註冊訂閱電子報

您在 XXX 會員資料中登記的電子信箱，將會收到 XXX 市場的會員限定活動資訊、大量優惠資訊的電子報。

商店的優惠通知

☑ XXX 市場船橋店

願意收到問卷調查的郵件

☑ XXX 市場船橋店

XXX 市場的電子報

☑ 所有購物（XXX 資訊）　　☑ [XXX] 定期採購社團　　☑ 禮品、禮物（XXX 禮物資訊）

| 全部取消 | ※不需要的選項請取消勾選。

希望停止寄送電子報時，請點選下一頁的停止寄送連結進行取消。
電子報會以 HTML 或純文字格式寄送。

當我仔細閱讀消費明細後，發現那好像是大型網購平台每個月的會員費扣款。雖然我記得過去曾使用過這個網站，但沒印象曾註冊成為月費會員。扣款金額是 500 日圓左右，為了馬上解約，我決定調查原因。

幾分鐘後，我找到了該網購平台的某頁面上記載的一段文字：

「關於您沒有印象的高級會員註冊──您在 ABC 購物網站購物時，有沒有在下單時註冊成為高級會員？購物時若按下方按鈕再訂購，就能同時註冊為 ABC 高級會員。」

優惠　免費試用 ABC 高級會員
前往訂購手續

半年前我確實在 ABC 購物網站買過東西。但我沒想到只是按下「前往訂購手續」按鈕，就會註冊成為付費的高級會員。

無論如何我都想要確認一下，於是我決定實際進入該網站。上圖就是重現該畫面的情況。我好像應該點選灰色的「直接進入訂購手續」按鈕才對，但卻無意間選了深灰色按鈕。是我沒注意到關於高級會員的說明，（可能無意識地）選擇了深灰色按鈕。然後在經過半年的高級會員免費試用期後，會員費就自動從帳戶裡扣除了。

像這樣使用購物網站，有時會在不知不覺中訂閱了大量的電子報，或者支付了陌生的服務費用，令人陷入意想不到的圈套。我們都知道這種網站設計含有很多的欺騙性（儘管不是謊言，但就跟說謊一樣）。但只要想到還得特地為了自己的疏忽和不友善的設計花費精力去投訴，大概就會覺得「算了」而放棄。

在日本國內普及的暗黑模式

2021 年 3 月，《日本經濟新聞》大篇幅報導了「國內主要網站有六成被確認存在著暗黑模式」*。自此之後，線上媒體、電視、廣播節目也開始逐漸討論暗黑模式。要是能讓消費者更加認識暗黑模式的存在，企業的欺騙性網站設計就能受到更嚴厲的關注吧。

*「全球對暗黑模式加強管制　業者在消費者網站對顧客進行不利的誘導，日本國內網站有 60％皆屬此類」（綱嶋亨／ 2021 年／日本經濟新聞）

當我們試圖說服消費者時，作為「銷售技巧」的部分會被允許到何種程度？又從哪個部分開始可能會成為「暗黑模式」呢？

首先，讓我們先了解「何謂暗黑模式」，以及其定義與起源吧！

何謂暗黑模式？
暗黑模式的定義

暗黑模式的命名者

最近日本媒體開始報導「暗黑模式」。使用網路時，經常會遇到暗黑模式，但其實許多人並不知道它的命名由來。

暗黑模式的概念首次被提出是在 2010 年。哈利・布里格努爾（Harry Brignull）是一位英國 UX 專家，擁有認知科學博士學位，他在自己建立的網站 Darkpatterns.org 中，將欺騙使用者或是讓使用者產生誤解的使用者介面取名為「暗黑模式」，在此首次提出了這個概念。

布里格努爾將「暗黑模式」＊定義如下：

> 「暗黑模式是指在網站或應用程式中使用的詭計，例如欺騙使用者購買或註冊某些產品，使其執行原本不打算做的事情。」（筆者譯）
>
> ——哈利・布里格努爾　*Darkpatterns.org*

＊ 自 2022 年 4 月開始，布里格努爾將「暗黑模式」稱為「欺騙性設計（騙人的設計）」，網站名稱也改為「DECEPTIVE DESIGN」，這是因為他不希望讓「Dark」這個詞彙帶有負面印象。

暗黑模式的目的

暗黑模式是一種欺騙使用者的介面，讓他們做出一般不會採取的行動。

使用者介面（UI）是指使用者和系統的「接點」。例如，在網路上購買商品時的按鈕、輸入表單、錨點文字等等，我們操作畫面時看到的所有要素，全都是使用者介面。

欺騙使用者的介面等同暗黑模式，根據其使用的手法可以分成幾個類別。而它們的共同點是，所有暗黑模式都是設計來讓使用者（消費者）執行以下三點中的任一點：

> 1. 讓使用者付更多錢
> 2. 讓使用者提供更多個人資訊
> 3. 讓使用者浪費更多時間

將暗黑模式與「設計失敗」區分開來

當然，其中也有看起來像是暗黑模式，卻只是設計失敗的例子，亦即「反面模式」，這指的是導致使用者操作失敗的錯誤設計方法。

發送　　　重新填寫

例如，在諮詢表單的發送按鈕旁設置一個重新填寫按鈕的話，會怎麼樣呢？表單設計者也許是出於善意，想讓使用者可以隨時重新輸入，才設置了重新填寫按鈕，但急於操作的使用者在打算按下發送按鈕時，也有可能會不小心按到重新填寫按鈕。

與暗黑模式不同，反面模式是因為對使用者的情況顧慮不周，或是設計者技術不成熟而產生的。反面模式和暗黑模式**在將使用者導向他們不期望的結果這點是一樣的**，但暗黑模式是故意設計出來的。布里格努爾針對兩者的差異如此說明：

> 「當人們談到『糟糕設計』的創作者時，一般會想到那些草率馬虎的人，但他們並沒有惡意。另一方面，暗黑模式不是一種錯誤，而是創作者充分理解人類的心理後，才進行巧妙的設計。他們並沒有考慮到使用者的感受。」
>
> ——哈利・布里格努爾　*Darkpatterns.org*

出處：《悲劇的なデザイン—あなたのデザインが誰かを傷つけたかもしれないと考えたことはありますか？》（ジョナサン・シャリアート、シンシア・サヴァール・ソシエ 著／高崎拓哉 翻譯／BNN／2017 年）

反面模式	暗黑模式
未發揮正常功能	會發揮一定的功能
雙方都沒有好處	只有企業方有好處
純粹的設計失敗	攻擊人類「弱點」的設計
不成熟的設計	謹慎且巧妙
以基準為依據，容易辨別	難以辨別
不是故意的	故意的（或是不自覺）

出處：「Dark patterns and Mobile UX Design」（Emilia Ciardi／2017 年）
https://www.youtube.com/watch?v=aUzJOOhbmOs

當然，在設計現場中，除了「設計師」之外，大多還有一個「委託者」。暗黑模式的創作者也許只是單純地將客戶的意圖反映在設計上，他們可能沒有意識到這種欺騙性。使暗黑模式成為暗黑模式的關鍵在於「誰是獲益者」，因為暗黑模式始終只對企業方有利。

2019 年，由普林斯頓大學的阿魯內什‧馬瑟爾（Arunesh Mathur）等人發表於電腦科學領域 —— 美國計算機協會（ACM）的論文[*]，更進一步地推進了布里格努爾的暗黑模式定義。

> 「暗黑模式是指透過強制、操控或欺騙等方式，讓使用者做出原本不想做或可能有害的決策，藉此為線上服務提供者帶來利益的使用者介面選項。」（筆者譯）

[*]「Dark Patterns at Scale: Findings from a Crawl of 11K Shopping Websites」（Arunesh Mathur, Gunes Acar, Michael J. Friedman, Elena Lucherini, Jonathan Mayer, Marshini Chetty and Arvind Narayanan／2019 年／ACM）
https://webtransparency.cs.princeton.edu/dark-patterns/

暗黑模式存在於各種領域

隨著今後討論的加劇，暗黑模式的定義可能會按照不同領域細分。不僅是電子商務，暗黑模式還存在於社群媒體、AI、大數據、遊戲（遊戲化）等多個領域，因此要以單一定義去理解這些暗黑模式是很困難的。如果以更廣泛的觀點來解釋，暗黑模式不僅存在於數位世界之中，也大量存在於現實生活中。例如手機複雜的資費方案，或是為了吸引顧客注意，刊載出已簽約不動產的釣魚廣告都是代表性例子。

雖然暗黑模式本身從網路草創期就已經存在，但像這樣重新命名、定義將有助於引起人們的注意，並加強他們的意識。布里格努爾原本設立 Darkpatterns.org 的目的是要讓人們知道暗黑模式的存在，讓使用這種模式的企業感到慚愧。許多人透過他的構想，也就是「Hall of shame（恥辱殿堂）」這個大眾運動來揭露使用暗黑模式的企業，他們拍下有問題的網站或應用程式截圖，並加上主題標籤在 Twitter 上分享擴散。

在這樣的浪潮中，2021 年 5 月，美國消費者聯盟旗下的雜誌《消費者報告》（Consumer Reports）設立了匿名通報網站「Dark Patterns Tip Line（https://darkpatternstipline.org/）」。這個通報網站的目的不僅是提醒消費者要注意暗黑模式，還包括將窗口收到的回饋意見用來制定政策或是識別惡劣經營者，因為暗黑模式已經逐漸變成社會問題。

暗黑模式是如何誕生的？

普林斯頓大學電腦科學家阿爾文德・納拉亞南（Arvind Narayanan）表示，暗黑模式是在過去的 30 年中受到以下三個趨勢影響而出現的。第一個是零售業中的「詐欺慣例」，第二個是公共政策中的「推力（Nudge）」，第三個則是設計圈中的「成長駭客」。

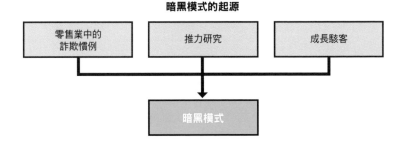

出處：「Dark Patterns: Past, Present, and Future THE EVOLUTION OF TRICKY USER INTERFACES」（Arvind Narayanan, Arunesh Mathur, Marshini Chetty and Mihir Kshirsagar ／ 2020 年／ ACM）
https://queue.acm.org/detail.cfm?id=3400901

1. 零售業中的欺騙與操作

在零售業漫長的歷史中，使用了各種銷售技巧。然而，其中有些是消費者勉強接受（或是已經習慣）的灰色地帶，還有一些是被法律禁止的非法行為。例如，以下三種是零售業中經常使用的代表性詐欺慣例：

● 心理定價（Psychological Pricing）

使用 99 元、199 元這種定價方式，目的是要讓價格看起來很便宜，藉此提高消費者的購買意願（在心理學中稱為「尾數定價效應」）。一般而言，這種定價方式已經廣泛普及，並且受到消費者的認可。

● 釣魚廣告

一種宣傳手法，利用沒有銷售意圖，或實際上無法銷售的商品（虛構的商品、已簽約的不動產等等）作為誘餌來招攬顧客。早期這種手法就已被視為問題，例如上門推銷縫紉機、

西裝、不動產，以及二手車經銷商的廣告傳單等等。由於廣告內容與實際銷售情況不符，因此違反了「商品標示法」的不當標示。

● **虛假的歇業出清廣告（結束營業的行銷手法）**

這是宣布關閉店鋪，並聲稱為了處理庫存要進行清倉大拍賣，以此吸引顧客的宣傳手法。然而，實際上有些商店並未歇業，反而持續營業多年。雖然日本消費者廳認為結束營業的行銷手法違反了「商品標示法」的不當標示，但大多無法找到確鑿的證據，所以幾乎不會進行取締。

我們日常採購的超市也會使用各種招數來讓顧客花更多錢。基本上這與拉斯維加斯賭場讓顧客花錢的原理相同。例如，從入口到出口的戰略式引導路線、讓顧客長時間逗留的商品陳列、讓蔬菜和肉品看起來更吸引人的視覺效果、店內播放的 BGM、提供試吃販售，甚至還在收銀台附近設置了引誘顧客「順便購買」的小物件。

當然，如果說這些做法對消費者來說都是難以接受的，也絕非如此。然而，暗黑模式中也大量應用了零售業長年培養的這種技巧，並因為數位化環境而變得更加巧妙。

2. 公共政策中的推力研究

2008 年，芝加哥大學兩位美國學者提出的「推力」（請參考 Chapter 2.1），在公共政策領域中廣泛普及，這些政策需要在有限的預算下取得高效成果。「推力」是一種機制，它可以在不禁止他人的選擇或大幅改變經濟誘因的情況下，將人們的行為導向更好的方向。目前，推力的技巧已經超越了公共政策的範疇，

廣泛應用於環境保護和商業（提高員工安全性、生產力和幸福度）等領域。

推力是基於自由家長制（Libertarian Paternalism）的概念。自由家長制是指尊重個人自由（行為和選擇），同時透過制度和環境對個人行為產生影響，以實現更好的結果。

● 讓個人自由選擇＝自由主義（Libertarianism）

● 不顧個人意願，由強勢者介入、干涉、支援＝家長主義（Paternalism）

● 保留選擇餘地，同時從中介入導向更好的方向＝自由家長制（溫和的介入主義）

自動加入的退休金制度

美國很早以前就為在民間企業工作的人們提供了退休金確定提撥制度401（K）計畫。雖然這是一個優秀的穩定退休生活制度，但是參與率卻停滯不前。因為它必須謹慎研究在退休之前需要儲存多少錢，而且也要自我管理來達成這個目標。於是美國政府改變機制，將401（K）計畫設為「自動加入（初始設定）」，而非自願登記，改變機制讓不願意參加的人可以自己選擇後，參與率大幅上升了。

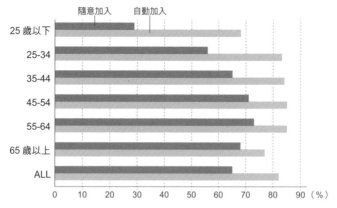

依照年齡分類，加入 Vanguard Group 提供的退休金確定提撥制度的比例

隨意加入　　自動加入

25 歲以下	
25-34	
35-44	
45-54	
55-64	
65 歲以上	
ALL	

0　10　20　30　40　50　60　70　80　90（%）

出處：「Vanguard Group data for 2013 on about 400 plans and 800,000 participants and eligible nonparticipants」（THE WALL STREET JOURNAL）
https://aiam.org.au/resources/Documents/2019%20Workshop%20Documents/2.%20
Nudges%20in%20the%20Field.pdf

促進家庭實施節能行動，減少 CO₂ 排放量

在日本 ORACLE 株式會社主導進行的二氧化碳（CO_2）減排實證項目中，提供了個人用電量與附近家庭用電量的比較資訊，希望藉此減少用電量。

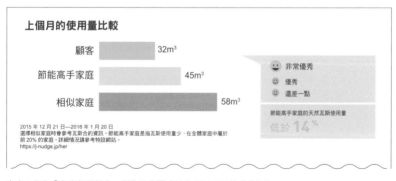

上個月的使用量比較

顧客	32m³
節能高手家庭	45m³
相似家庭	58m³

☺☺ 非常優秀
☺ 優秀
☺ 還差一點

節能高手家庭的天然瓦斯使用量
低於 14%

2015 年 12 月 21 日─2016 年 1 月 20 日
選擇相似家庭時會參考瓦斯合約資訊。節能高手家庭是指瓦斯使用量少，在全體家庭中屬於
前 20% 的家庭。詳細情況請參考特設網站。
https://j-nudge.jp/her

出處：參考「家庭能源報告」製作示意圖（日本 ORACLE 株式會社）
https://www.env.go.jp/earth/ondanka/nudge/renrakukai01/mat03.pdf

報告指出，收到「家庭能源報告」來進行節能的家庭、與未收到報告的家庭相較之下，其用電量平均減少了 2% 左右。這是一種名為「社會比較（social comparison）」的推力促成的，因為服務使用者將自己與周圍的人進行比較後，開始注意到自己是否使用了過多的電力。透過這個計畫，在 2017 年度到 2020 年度的四年間，成功地累積減少了 47,000 噸的 CO_2 排放量[*]。

*「活用推力促進家庭實施節能行動，減少 47,000 噸的 CO_2 排放量」
https://www.oracle.com/jp/corporate/pressrelease/jp20210629.html

為了讓人們選擇更健康食物的菜單

以色列希伯來大學的瑪婭・巴爾・希勒爾（Maya Bar-Hillel）教授等人進行了一項研究，他們調整了餐廳菜單上列出的菜名順序，調查這樣做是否會影響顧客的選擇。結果發現列在菜單開頭和結尾的菜餚，與列在中間的菜餚相比，增加了 20% 的點餐率。利用這種效果，將有益健康的菜餚列在菜單開頭和結尾，並將不健康的食物（例如甜飲料）列在菜單中間，人們就更容易選擇更健康的食物[*]。

*「Nudge to nobesity II: Menu positions influence food orders」（Eran Dayan, Maya Bar-Hillel／2011 年）

推力可以說是協助人們做出更佳選擇的機制，反過來說，為了追求自己的利益，也可以利用推力促使他人採取行動，這就是所謂的「淤泥效應（Sludge）（請參考 Chapter 2.1）」。淤泥效應是在行為經濟學脈絡中提倡的概念，但本質上它和暗黑模式指的是同一件事。

3. 成長駭客

成長駭客是指為了促進服務成長，蒐集、分析使用者數據並持續進行改善的流程（技術）。成長駭客與一般行銷最大的不同，在於產品本身包含了擴大服務的機制。

Hotmail 獲取使用者的策略

例如，作為早期成長駭客的實例，MSN 提供的 Hotmail（現在稱為 Outlook.com）是眾所周知的。當時 Hotmail 剛從創投基金成功籌募到資金，只不過是一個無名的網路郵件服務。

Hotmail 為了盡可能不花錢就獲取新會員，於是實行了某個構想。他們在使用者發送的所有郵件底部自動插入一條訊息，鼓勵大家建立帳戶。因為這個發送出多少郵件，就能產生多少宣傳效果的機制，讓 Hotmail 的使用者數量在短時間內急速增加。

PS: I love you.Get your
free e-mail at Hotmail

PS：I love you：在 Hotmail 建立免費電子郵件帳號吧！

利用成長駭客得到的價值之一，在於投下大量資源之前，能夠確定突破現狀的關鍵點。要促進服務成長需要一定程度的金錢和時間，但只要知道「哪裡是關鍵點」，就能將資源集中在該處。因此，成長駭客會快速循環假設驗證，並根據數字找出關鍵點。

利用 A/B 測試進行科學驗證

這個假設驗證的核心過程就是 A/B 測試（效果測量）。A/B 測試是一種科學驗證方法，用來驗證當存在著兩種不同的創意時，哪一種能產生更好的成果。

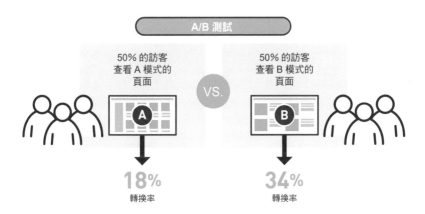

使用 A/B 測試工具後，就能精確驗證哪種顏色的按鈕會被點擊、哪種文案能提高轉換率。

為了避免誤解在此要特別說明，成長駭客本身並不會助長暗黑模式的發展。**成長駭客是一種出色的策略，可以有效活用有限的資源來推廣服務**。然而，企業組織在追求「更多轉換率」、「更多銷售額」的過程中，往往對服務易用性和使用者體驗的問題置之不理。因為對行銷團隊而言，一般所謂的成功是指目標數值的增加。然而，如果業務銷售額增長超過了向使用者提供的價值，那麼它就偏離了成長駭客的本質。

使用者向 LinkedIn 展開集體訴訟

LinkedIn 是以商業客戶為主的 SNS 企業，並採用了成長駭客策略來擴大服務。然而，因為處理個人資訊的部分行為受到質疑，導致使用者發起集體訴訟，使得 LinkedIn 在 2015 年支付了約 1,300 萬美元的和解金。這是因為該公司從使用者的通訊錄（在本人不願意的情況下）取得郵件地址，並向這些郵件地址發送了多次垃圾郵件，催促收件者加入 LinkedIn。後來，這個由創立 Darkpatterns.org 的布里格努爾所命名的暗黑模式「**濫用通訊錄的垃圾行銷（Friend SPAM）**」，説明了過度的成長策略是如何讓企業變得目光短淺。

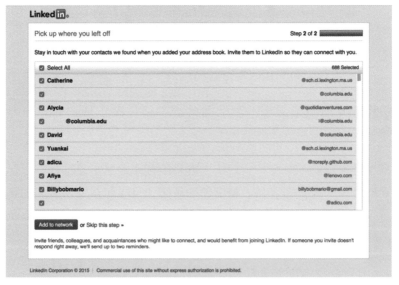

「Add to network（加入聯絡人）」按鈕實際上是表示「發送 688 封電子郵件」的意思。
出處：「LinkedIn Dark Patterns」
　　　https://medium.com/@danrschlosser/linkedin-dark-patterns-3ae726fe1462

暗黑模式的
全球性調查

使用網站巡邏機器人來分類暗黑模式

普林斯頓大學和芝加哥大學進行的暗黑模式相關研究，可能是這類研究中全球最大規模的。研究調查對象是 11,000 個以上的購物網站，約有 53,000 個頁面，並於 2019 年將研究成果發表成論文「Dark Patterns at Scale: Findings from a Crawl of 11K Shopping Websites」。

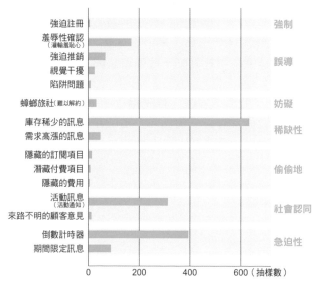

暗黑模式按照分類出現的頻率

強迫註冊	強制
羞辱性確認（灌輸羞恥心）	
強迫推銷	誤導
視覺干擾	
陷阱問題	
蟑螂旅社（難以解約）	妨礙
庫存稀少的訊息	稀缺性
需求高漲的訊息	
隱藏的訂閱項目	
潛藏付費項目	偷偷地
隱藏的費用	
活動訊息（活動通知）	社會認同
來路不明的顧客意見	
倒數計時器	急迫性
期間限定訊息	

0　　200　　400　　600（抽樣數）

出處：「Dark Patterns at Scale: Findings from a Crawl of 11K Shopping Websites」（Arunesh Mathur, Gunes Acar, Michael J. Friedman, Elena Lucherini, Jonathan Mayer, Marshini Chetty and Arvind Narayanan ／ 2019 年／ ACM）
https://webtransparency.cs.princeton.edu/dark-patterns/

這項研究的成果之一，是將焦點放在購物網站上，建立了更加全面的暗黑模式分類。其關鍵就是利用可以調查大量網頁的網站巡邏機器人（網路爬蟲）。這個巡邏機器人可以自動訪問購物網站，完成結帳手續，並保存所有數據。此外，還能徹底巡邏網站中容易出現暗黑模式的地方，例如彈出式訊息和倒數計時器。

藉由這個巡邏機器人的幫助，研究人員最後將暗黑模式分成 7 個類別、15 個種類。根據調查報告顯示，在 11,000 個購物網站中總共發現了 1,818 個暗黑模式，占比約 11.1％（1,254 個網站）。此外，也明確顯示出在 Alexa 網站排名越高的購物網站，使用的暗黑模式就越多。

無法判斷「是真是假」

然而，這項研究存在一些限制。這項調查是著重在以文字為基礎的暗黑模式，並未考慮到視覺要素（例如更加強調某些部分的顏色和字型）。此外，研究中使用的巡邏機器人無法單獨判斷暗黑模式的設計是否真的是為了欺騙使用者。在這個實驗中所稱的「暗黑模式」終究只是作為「實例（實體、形式）」而存在，當中也有一些連專家都很難判斷，或是看法因人而異的情況。

例如，在這項調查中，利用「**稀缺性**（請參考 Chapter 3.5）」的心理誘因來宣傳稀有商品的訊息，被歸類為暗黑模式。但嚴格來說，並非所有稀缺性訊息都是在欺騙使用者。

限時優惠特價
¥3,280

限定數量：3399

91%的人已經放入購物車
到結束還剩 8 小時 54 分 39 秒

免費運送：2 月 11 日 –12 日 查看詳細資訊
◎ 選擇收件地址

一人限定購買數量：1

放入購物車

Amazon 在打折時也會使用稀缺性的心理誘因

如果在網站上顯示「限定 5 個」、「庫存只剩 2 個」作為使用者購買商品時的必要資訊，那應該是沒問題的。就像在現實生活中購物時，我們會查看特價品在架上的剩餘數量再決定是否購買一樣，對購物網站的使用者而言，這也是聰明購物的參考資訊。相反地，如果沒有顯示商品的限定數量或剩餘庫存量，使用者可能就會錯過特價品，或是失去難得的省錢機會。

商業頭腦與詐欺行為之間的差異

問題是在於使用曖昧或煽動情緒的表述情況。例如，在購物網站中有些店家會使用「只剩少量庫存」這種文字，沒有明確表示正確的庫存數量。

⏱ 只剩少量庫存。請盡速訂購。

這種寫法似乎帶著一點欺騙性，因為它將「少量」表示幾個的定義交由使用者解釋。說不定庫存非常充足，卻為了讓使用者感到緊張，故意使用了模糊的寫法。

看到商業上常用的廣告標語「請盡速購買！庫存只剩 4 個」時，你會有什麼感受呢？為了讓人更加容易理解，增加驚嘆號改成「請盡速購買！！！」時，你又有什麼看法呢？有些人可能會認為這是在煽動情緒。但如果平常是從事行銷工作，也許會認為「這種程度沒問題」，看法因人而異。根據 GDPR（一般資料保護規則）第 4 條第 11 款的規定，「同意」是「當事人自主給予（freely given）*」，而有些人認為對消費者施加過度壓力可能會妨礙這個條款的實施。

　　* 歐洲議會和理事會關於自然人資料處理及此類資料自由流通的個人保護規則
　　　https://www.ppc.go.jp/files/pdf/gdpr-provisions-ja.pdf

確實有些購物網站會捏造庫存數量，存在著類似詐騙的行為。在這項調查中，發現數個網購平台會隨意更動銷售頁面的原始碼，或是故意變更庫存數量。此外，也發現有些網站顯示折扣期限的倒數計時器在完全歸零後會被重新設定，又從頭開始計時。這是一種濫用「**急迫性**（請參考 Chapter 3.2）」心理誘因的暗黑模式。

資訊透明度才是進步的關鍵

巡邏機器人只不過是機械化地也挑出符合條件的暗黑模式（包含有些人認為非暗黑模式的情況）。

因此，在這項研究中，為了辨別暗黑模式是否確實欺騙了使用者，也會透過手動檢查來徹底調查。根據報告顯示，在巡邏機器人挑出的暗黑模式中發現了在原始碼中嵌入陷阱等證據，總共在 183 個網站中找到 234 個暗黑模式*。

　　* 在普林斯頓大學的網站上公開了這項調查蒐集到的暗黑模式分類資料，其格式為 CSV
　　　檔案。
　　　https://webtransparency.cs.princeton.edu/dark-patterns/

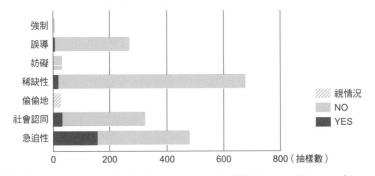

暗黑模式的實例是否具有欺騙性？

出處：「Dark Patterns at Scale: Findings from a Crawl of 11K Shopping Websites」（Arunesh Mathur, Gunes Acar, Michael J. Friedman, Elena Lucherini, Jonathan Mayer, Marshini Chetty and Arvind Narayanan ／ 2019 年／ ACM）
https://webtransparency.cs.princeton.edu/dark-patterns/

這個數字與巡邏機器人挑出的暗黑模式數量相差甚大，但這是因為「資訊透明度」非常低的緣故。

例如，訪問訂房網站時，會顯示「目前有○○位客人正在瀏覽」來說明網站訪客的活動情況。然而，這種資訊大多是由伺服器端生成的，從網站上無法得知瀏覽者數量的推算方式，也無法確認該資訊是否屬實。這種機制已經被「黑箱化」。

此外，即使使用了虛假訊息，設計者也很少在原始碼中留下明顯的「漏洞」。因此，在大多數情況下，外部無法辨別網站上的活動訊息是在欺騙使用者還是提供正確資訊。在這項調查中，沒有確切證據的暗黑模式會從統計數字中排除。

由於這種原因，機器人挑出的暗黑模式和有可靠證據的暗黑模式的數量差距甚大。普林斯頓大學的研究揭示了暗黑模式的多樣性，另一方面，也顯示出如果資訊不透明的話，就很難解決根本性問題。

暗黑模式扭曲人們
多少選擇？

那麼實際上，暗黑模式到底有多大的力量呢？通常，暗黑模式是偷偷使用的。因此，很少公開顯示其效果的數據。儘管如此，在學術研究領域中，也發表了一些論文，討論暗黑模式對人們決策的影響。

其中一個例子就是芝加哥大學的傑米‧路古禮（Jamie Luguri）和利奧爾‧雅各‧史特拉海列維茲（Lior Jacob Strahilevitz），在2021 年刊載於《Journal of Legal Analysis》的論文「Shining a Light on Dark Patterns」*（此外，本章節的圖表已將他們的報告數據翻譯成中文**）。

　* 「Shining a Light on Dark Patterns」（Jamie Luguri, Lior Jacob Strahilevitz ／ 2021 年／ Journal of Legal Analysis）

　** 「'Dark Patterns': Online Manipulation of Consumers」（https://www.youtube. com/watch?v=Kbs2aHaWIJo）

暗黑模式扭曲人們多少選擇？

路古禮和史特拉海列維茲在以下情境中進行了實驗。

首先，他們利用現實存在的市調公司招募了「有關隱私的意識調查」的參與者，避免被發現這是實驗。參與者在網路上輸入年齡、性別和職業等資訊後，必須回答一系列與隱私有關的問卷調查。

參與者回答所有問卷調查後，市調公司的演算法會認定其為「對隱私有強烈興趣的人」，並通知他們已經被自動訂閱了付費的「數據保護方案」。當然，這只是為了實驗進行的演出，但實驗會讓參與者認為如果沒有立刻取消數據保護方案，就必須支付該筆費用。

此時，路古禮和史特拉海列維茲使用了暗黑模式阻止參與者取消合約。他們在參與者的電腦畫面上顯示「無暗黑模式」、「溫和的暗黑模式」、「攻擊性暗黑模式」中的其中一種，來調查不同種類的暗黑模式和其煩人程度對參與者行為的影響。

變化① 無暗黑模式

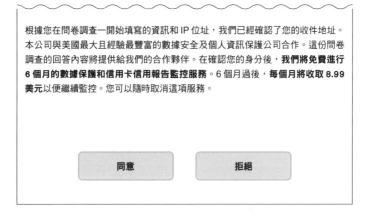

首先，兩人準備了不含暗黑模式要素的選擇畫面。因為參與者中可能有人對數據保護方案有興趣。電腦顯示這個選擇畫面的參與者可以自主選擇「同意」或「拒絕」，不會受到介面的干涉與妨礙。在此顯示的同意率將成為與使用暗黑模式的介面進行比較的基準。

變化② 溫和的暗黑模式

根據您在問卷調查一開始填寫的資訊和 IP 位址，我們已經確認了您的收件地址。本公司與美國最大且經驗最豐富的數據安全及個人資訊保護公司合作。這份問卷調查的回答內容將提供給我們的合作夥伴。在確認您的身分後，**我們將免費進行 6 個月的數據保護和信用卡信用報告監控服務**。6 個月過後，**每個月將收取 8.99 美元**以便繼續監控。您可以隨時取消這項服務。

> 同意並繼續（推薦）　　　其他選擇

第二個是「**溫和的暗黑模式**」。參與者可以選擇「同意並繼續」或是「其他選擇」按鈕，但為了讓參與者更容易接受，**預設選擇是同意按鈕**。此外，同意按鈕旁邊還加上「（推薦）」的字眼，而像「拒絕（或取消）」這種文字，如果參與者希望取消合約的話，是到處都找不到的。因為拒絕按鈕被藏在「其他選擇」按鈕的下一層中。這些手法都是典型的暗黑模式，目的是要引導參與者加入方案。

我不想保護我的個人資訊和信用卡資訊

研究選擇後，我希望保護隱私，我想要數據保護和信用卡信用報告的
監控服務

如果參與者選擇了「其他選擇」，那麼在下一個畫面上他們就會
面臨心理壓力。這是一種名為「**羞辱性確認**（灌輸羞恥心）」的
暗黑模式。羞辱性確認是在拒絕按鈕中使用讓人對自己的選擇感
到愚蠢的表達方式，在心理上營造出難以拒絕的情況。

變化③ 攻擊性暗黑模式

「**攻擊性暗黑模式**」又更加煩人且巧妙。前兩個步驟與「溫和的
暗黑模式」一樣，但接下來的選擇畫面會持續進行煩人的挽留攻
勢，鼓勵參與者加入保護方案。

您的回答是不希望保護個人資訊和信用卡資訊。為了讓顧客獲得充分資訊後再做判斷，我們將提供更多資訊。

何謂盜用個人資訊？

當詐騙分子以詐騙為目的盜取顧客個人資訊時，就會發生盜用個人資訊的情況。

竊盜犯會利用您的資訊進行非法行為，例如使用信用卡、報稅、使用醫療服務等等。這些行為會損害您的信用，需要時間與費用才能恢復信用。

您可能不會立刻察覺自己遇到身分盜用的情況。

> 同意加入數據保護方案並繼續下一步

> 想要了解更詳細的資訊

首先，參與者必須閱讀一篇文章，裡面傳達了個人資訊被盜用（遭竊）的恐怖性，意圖讓人感到不安。接著，當參與者選擇一個選項試圖繼續進行時，就會出現倒數計時器，並被迫停留在該頁面至少 10 秒鐘。這些都是一種名為「**蟑螂旅社**（請參考 Chapter 3.6）」的暗黑模式，目的是要妨礙取消服務。

如果您拒絕這個免費方案，本公司的合作夥伴將無法協助您的數據保護。您可能會成為去年個人資訊遭盜的數百萬美國國民之一。

您確定要拒絕這個免費的個人資訊保護措施嗎？

不，我要取消

是的

即使受到介面上這種煩人的干擾，如果參與者仍未選擇「同意」，最後將出現「**陷阱問題**（請參考 Chapter 3.3）」這種暗黑模式。

在這個畫面會詢問參與者：「您確定要拒絕這個免費的個人資訊保護措施嗎？」，如果沒有仔細閱讀就做出選擇，可能會誤點而加入方案。因為預設選擇的按鈕「不，我要取消」實際上是表示「拒絕取消」，也就是「同意加入」的意思。

路古禮和史特拉海列維茲準備了這三種介面，並顯示在約 2,000 名參與者的電腦畫面上，比較了每個介面的同意率。

越具攻擊性的暗黑模式就越能扭曲使用者的選擇

結果如何呢？

介面未使用暗黑模式要素的同意率只有 11％，相對的，「溫和的暗黑模式」則顯示了超過 2 倍的同意率，達到 25％。此外，「攻

擊性暗黑模式」的同意率最高，達到 37％。雖然我們可以理解暗黑模式會扭曲使用者的選擇，但這些研究結果明確地以數字印證了它的影響力。

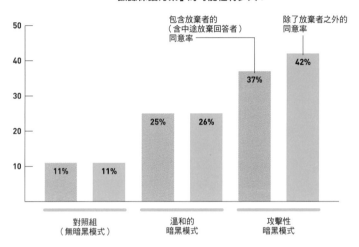

參與者接受自己尚未簽署的
「數據保護方案」的可能性有多大？

此外，這個實驗的參與者可以透過問卷調查隨意評論操作介面時的感受。

有趣的是，遇到「攻擊性暗黑模式」的參與者，高比例地表現出憤怒情緒（12.82％），相對於此，遇到「溫和的暗黑模式」的參與者則沒有呈現出這種反應（6.09％）。這與操作了「無暗黑模式」介面的參與者表現出憤怒的比例（5.70％）幾乎一樣。從這項調查可以得知，即使被誤導做出與個人喜好不同的選擇，使用者也幾乎很少反彈。

使用暗黑模式的企業很少會公然刺激或激怒使用者。實際上他們多半使用「溫和的暗黑模式」。因此,使用者常常在不知不覺中遭受損失,也很難表達不滿。

即使是高價商品,暗黑模式的影響力也依舊存在

數據保護方案—不同月費的同意率

	整體同意率	便宜月費 ($2.99/月費)	高價月費 ($8.99/月費)
對照組 (無暗黑模式)	11.3%	9.3%	13.3%
溫和的 暗黑模式	25.8%	26.8%	24.9%
攻擊性 暗黑模式	41.9%	40.9%	42.8%

那麼,暗黑模式的影響力是否取決於價格的大小呢?

兩人在實驗中為數據保護方案設置了兩種不同的月費(2.99 美元和 8.99 美元),調查這種做法對同意率的影響。因為在新古典經濟學派中,認為價格越高消費者就會變得更加謹慎,「會避免犯錯或做出衝動決策」。

然而,在這個實驗中,即使將月費從 2.99 美元調高到 8.99 美元,數據保護方案的同意率幾乎沒有差異。不僅如此,即使在額外實驗中將費用提高到 38.99 美元,結果也沒有改變。在受到暗黑模式影響的情況下,參與者即使面對高額費用,仍然一樣會接受。

哪種類型的暗黑模式最有效果？

路古禮和史特拉海列維茲進行了另一個有趣的實驗。他們提供參與者免費試用數據保護方案時，準備了 4 種暗黑模式，**調查哪種類型最能促使參與者同意**。

其結果如下：

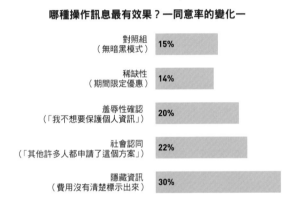

哪種操作訊息最有效果？—同意率的變化—

對照組（無暗黑模式）	15%
稀缺性（期間限定優惠）	14%
羞辱性確認（「我不想要保護個人資訊」）	20%
社會認同（「其他許多人都申請了這個方案」）	22%
隱藏資訊（費用沒有清楚標示出來）	30%

同意率最高的是名為「**隱藏資訊**」的暗黑模式。這個暗黑模式沒有明確說明在免費試用期後有月費的存在，只在畫面下方以灰色小字註明費用。透過這種隱藏資訊的方式，整體參與者中有30％的人沒有注意到月費的存在而訂閱了保護方案。這個同意率是未使用暗黑模式時的 2 倍。

相同的手法也經常出現在健康食品、化妝品、飲料等定期購買網站的登陸頁面上。例如，看起來很划算的試用折扣或綁綁銷售的頁面上會標註「※ 有條件」，如果閱讀頁面底部的小字，就會發現設有各種限制。

濫用「**社會認同**（請參考 Chapter 3.4）」的心理誘因，捏造不實資訊的暗黑模式讓同意率上升到 22%。這個介面會顯示一個訊息：「在過去 3 週內，有其他 1,657 位參與者加入了數據保護方案」，但實際上這種情況並不存在。當我們不知道該如何判斷時，會依賴周遭人士的行為。如果被告知其他許多人正在做同樣的事情，即使不確定這個資訊的可靠性，也仍會選擇相信它。

唯一沒有發揮功能的「稀缺性」暗黑模式，是因為參與者沒有足夠動機立刻加入數據保護方案。稀缺性是一種強大的心理誘因，但其效果取決於使用方式。在這個實驗使用的介面中，使用了顯而易見的推銷訊息，例如「恭喜！您已被選為為期一個月的免費試用評論員」、「請盡快行動！免費試用只剩下 3 個名額，本優惠將在 60 秒後結束」。在 2014 年發表於科學期刊上的一個實驗指出，當消費者看穿稀缺性訊息「只是一種銷售策略」時，其商品價值就會變得很薄弱（簡單來說，就是人們討厭表面上的稀缺性）[*]。

[*] 「The Effects of Scarcity Appeal on Product Evaluation: Consumers' Cognitive Resources and Company Reputation」（Seung Yun Lee, Sangdo Oh, Sunho Jung ／ 2014）

雖說如此，看到這個實驗結果後，就會發現幾乎所有暗黑模式都具有扭曲人們選擇的能力。將受到暗黑模式欺騙的原因歸咎於使用者的粗心大意是草率的。即使是完全不需要服務的人，暗黑模式也有足以讓他們同意的力量。

1 5

國內外對暗黑模式
日漸高漲的厭惡感

加強控管暗黑模式的跡象

在前一章節已經談到暗黑模式的影響力。如同實驗所揭示的，當我們一遇到暗黑模式，就很容易被迫改變自己的選擇。如果介面設計得越煩人越巧妙，它的影響力就越強大。

然而，在日本國內現行法律中，大多數的暗黑模式是合法的。而且也有一些企業認為「這是在法律範圍內賺錢，所以沒有問題」。對於面臨激烈市場競爭的營利企業而言，這可能是一種自然反應。批評企業或是將企業視為壞人，並沒有太大的意義。

雖說如此，暗黑模式會繼續被忽視嗎？

如果關心世界動向的話，就會發現情況似乎絕非如此。在注重消費者保護和隱私保護的歐美地區，正透過 GDPR（一般資料保護規則）和 CCPA（加州消費者隱私保護法）等法規，加強控管暗黑模式。消費者之間對暗黑模式的厭惡感也越來越強，日本也開始出現這種跡象。

1

何謂暗黑模式

日本也相繼發生的消費者糾紛

因為這次新冠病毒的肆虐，我們生活中的數位化更加加速了。在轉換到全新生活方式的過程中，利用線上服務的人數也比以往增加許多。然而，隨之而來的消費者糾紛也急遽增加。其中與網路購物的「定期購買」相關的糾紛更是明顯增多。

有關「定期購買」的諮詢件數之變化

出處：「涉及詐欺性定期購買商法的情況（2021 年／消費者廳）」

日本全國的消費者中心陸續收到諮詢案件，例如「原本只想購買一次，卻變成定期購買」、「應該可以隨時取消，卻打不通銷售業者的電話，以致無法取消」。這些諮詢件數與 2015 年相比，竟然增加了 14 倍。

MEMO 常見的消費者糾紛案例

消費者糾紛大多是因為銷售頁面的表達方式造成的。常見的情況是，銷售者故意以難以理解的方式來表現對商家非常有利的措辭。當然，使用者就會不小心忽略合約內容。

詐欺性定期購買商法

雖然標示著「首次免費」、「試用」等字眼，
但實際上卻是以定期購買為條件。

雖然標示著「可以隨時取消」，
但實際上取消方式附有細節條件。

定期購買的細節和取消條件，
以極小字標示在不易看到的地方。

上述內容是參考日本消費者廳資料「關於特定
商業交易法、預託法等修正法案」製作

● 很難察覺這是定期購買

在某個瘦身輔助食品的銷售頁面上寫著「首次免費」，
因此我心想：「機會難得就來試試看吧」，便進行了申
請。結果兩個月後我收到了 12 袋輔助食品，還被索取
高額費用。當我仔細查看網站後，發現在頁面角落以極
小字寫著「必須購買兩次以上」，而我申請時並沒有注
意到這個標示。

● 取消方式受到限制

網站上雖然寫著「可以隨時取消」，但實際上只能在平
日白天透過「電話受理」的方式取消。我試著在工作
空檔打電話，但打了好幾次都是通話中，無法聯繫到商
家。由於取消規定是「請在下次寄送日的 14 天前聯繫
我們」，最後我來不及取消訂購，第二次的商品還是送
來了。

日本在 2022 年 6 月修改了「特定商業交易法」

由於這種消費者糾紛不斷增加，日本在 2022 年 6 月 1 日修改了《特定商業交易法》。在這項修正法案中，針對網購的「詐欺性定期購買商法」採取了更強力的對策。

「特定商業交易法」的主要修改內容*

防範網購的「詐欺性定期購買商法」對策，包含了以下四點：

- 針對誤導消費者，使其認為必須定期購買的宣傳標示進行直接處罰。
- 針對消費者因上述宣傳標示而申請訂購的情況，制定可以取消訂單的制度。
- 禁止妨礙消費者解除網購合約的行為。
- 將上述誤導消費者的宣傳標示、妨礙解約等行為列入合格消費者團體的差止請求（譯註：這是日本合格消費者團體要求企業停止不當行為的一種制度，包括「不當勸誘」、「不當契約條款」、「不當標示」等等）對象。

當然，這項修正法案只是加強控管暗黑模式的開端。目前日本在 OECD（經濟合作暨發展組織）的主導下，展開了有關「數位時代消費者的脆弱性**」和「網路惡劣商法（暗黑模式）」的國際研究計畫。日本消費者廳的方針是根據這些調查結果，在必要時反映在日本相關法規中***。

> * 「修改特定商業交易法等部分法律，旨在防止消費者受害並促進其恢復的法律」（2021 年／消費者廳）最新資訊刊載於日本消費者廳網站。
> ** OECD（2019），「Challenges to Consumer Policy in the Digital Age」，Background Report, G20 International Conference on Consumer Policy, Tokushima, Japan, 5-6 September 2019
> *** 2021 年 4 月 1 日 第 341 回 消費者委員會全體會議

如果我們注意到這種社會趨勢，就會明白對企業來說，今後繼續使用暗黑模式明顯存在著風險。實際上，企業使用暗黑模式獲利的背後，隱藏著各種類型的損失和風險。

企業使用暗黑模式的風險

這種賺錢方式最後將招來惡果

UX 顧問公司 Nielsen Norman Group 的副總裁荷·羅朗熱（Hoa Loranger）在美國《Fast Company》雜誌中，針對使用暗黑模式的風險發表了以下的見解：

> 「企業從暗黑模式獲得的短期利益，長期來看將會失去。」（筆者譯）

部分企業試圖使用暗黑模式藉此獲得更多利益。尤其是在創業期，企業首要任務就是讓生意步上正軌，因此可以說這些企業處於容易使用暗黑模式的環境中。

此外，企業的行銷團隊制定了服務的會員人數、銷售數量等與業務擴展直接相關的數據作為重要指標，並實施各種措施。然而，如果在行銷團隊致力改善數據的背後，客服部門收到大量投訴，造成巨大的處理成本，又該怎麼辦呢？這種事實並不會在「指標」上表現出來。

使用暗黑模式來增加銷售額，即使數字上業務似乎正在成長，但有時也會在意想不到之處產生不良影響。以下列舉的 9 項內容是使用暗黑模式可能造成的損失和風險。

❶ 客服部門的負擔增加

顧客的抱怨會增加客服部門的負擔。回應電話或郵件需要時間，因此也需要支付員工的工資。

❷ 退貨率增加

顧客退貨的可能性變高。除了產生退貨和退費的成本，還可能因為負擔這些成本引發相關問題。

❸ 在社群媒體上擴散差評、負面評價（商譽風險）

顧客在社群媒體發表不滿的意見，或是在販售平台或 Google 評論上發表負面評價，就會導致品牌評價降低。

❹ 顧客終身價值下降

當顧客停止使用服務或是轉換到其他服務時，顧客終身價值就會下降。

❺ 獲取新顧客的成本增加

當品牌的信賴度降低，說服顧客會變得很困難，獲取新顧客的成本會增加。此外，回頭客的數量也會減少，就很難出現忠實顧客介紹新顧客的情況。

❻ 員工離職率、人才招募成本增加

公司外部評價不佳和處理客訴的壓力會提高員工離職率。此外，如果搜尋公司名稱時出現負面關鍵字，也會對人才招募的報名率帶來負面影響。

❼ 發展成消費者糾紛（紛爭或訴訟風險）

可能會發展成消費者糾紛。解決紛爭需要大量時間和金錢，還會造成精神壓力，讓員工無法專注在本來的業務上。

❽ 違反法律、罰則的風險

違反「特定商業交易法」或其他法律時，會收到業務改善指示或業務停止命令（業務禁止命令的行政處分），或是受到處罰。

❾ 整個業界的信譽會受損

不只是使用暗黑模式的當事人，整個業界的信譽也會受損。顧客的警惕心提高後，就必須花費比以往更多的廣告和行銷費用。

使用暗黑模式會散布這些風險的種子。最重要的是，即使可以用錢解決退貨或負擔處理客訴的金錢成本，但失去的顧客信任是無法恢復的。設立 Darkpatterns.org 的布里格努爾針對依賴暗黑模式的商業危險性提出以下警告：

> 「競爭對手提供更優秀的體驗只是時間早晚問題。如果你的商業模式正依賴著暗黑模式，就意味著它可能會遭到破壞。」（筆者譯）

加強控管暗黑模式

本章節已經解說了有關暗黑模式的 9 種風險。

然而，當我們討論暗黑模式時，一定會聽到這種想法：「讓顧客落入圈套的企業，最終將會失去顧客的選擇」。雖然是半真半假的論述，但似乎也有點樂觀。這是因為在現實情況中，長期持續使用暗黑模式的企業，現在也仍舊讓業務繼續成長。

例如，日本國內大型電子商務平台因為讓網站會員訂閱大量電子報的緣故，多次受到批評，但他們爾後的業務並不會因此而衰退。而某個網域服務提供商試圖利用操作性介面自動更新網域，或是進行類似垃圾郵件的行銷活動，但當他們與集團公司合併後，市場占有率就位居前列。這是由於大型平台企業或寡占企業的競爭對手少，所以不會受到威脅的緣故。

這可能正是加強控管暗黑模式論調日漸高漲的原因吧。

當然，對暗黑模式進行控管無法一次解決所有問題，它並非萬能藥。我們可以輕易地想像到可能會發生貓捉老鼠（譯註：指雙方重複某件事情，沒完沒了之意）的情況，儘管如此，制定禁止行為和處罰規定仍是極大的威攝力。最重要的是，透過媒體報導引發的激烈爭論應該會提高消費者的素養。

因此，作為語言和設計的創作者，首先我們必須充分理解暗黑模式。在下一個章節的前半階段，我們將深入理解人類做出決策的方式。

Chapter 2

決策科學

我們的語言和設計會對消費者的選擇產生什麼影響呢？在這個章節中，我們將介紹以行為經濟學為主的各種領域的數據，同時學習有關人類決策的有趣事實。

這個選擇是由誰決定的？

我們每天的決策量

每天都是一連串的決策。要不要喝咖啡、要穿哪件衣服、幾點該出門。即使是一些漫不經意的動作，例如搔搔鼻尖或是撥弄頭髮，也是由你做出決定的事情。

根據劍橋大學芭芭拉・薩哈金（Barbara Sahakian）等人的研究顯示，我們人類每天平均做出 35,000 次的決策[*]（當中約有 200 次與飲食有關）。假設一天睡覺 6.5 小時，期間大腦跟著休息的話，那麼每小時就要做出約 2,000 次決策，平均 2 秒左右就要做出一次決策。

> [*] 《Bad Moves: How decision making goes wrong, and the ethics of smart drugs》（Barbara J. Sahakian, Jamie Nicole LaBuzetta ／ 2013 年 ／ Oxford University Press）

那麼，在這當中有多少是在網路上做出的決策呢？對於經常手握智慧型手機的我們而言，可以很容易想像出這是相當大的數量。

小選擇和大選擇，有意識的選擇和無意識的選擇，我們的人生是由龐大數量的選擇形塑而成的。

推力理論

理查·塞勒（Richard Thaler）和凱斯·桑思坦（Cass Sunstein）在 2009 年出版的書籍《推力：決定你的健康、財富與快樂》（時報出版，2009 年）中提倡了「推力理論」。推力是行為經濟學用語，意思是「輕輕推動」。這是一種幫助人們自願選擇更好行為方式的機制，不需要禁止對方的選擇，或是大幅改變經濟獎勵措施。

描繪著蒼蠅的男廁小便斗

以推力的例子來說，荷蘭史基浦機場的男廁是一個著名的範例。一進入史基浦機場的男廁，就會發現小便斗內側印著蒼蠅圖案。當然，這不是單純的惡作劇或是新奇的藝術作品。這個構想是利用男性「如果有目標就想要瞄準」的本能，希望讓人使用廁所時保持乾淨。

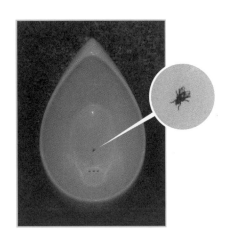

這個目的是減少廁所清潔成本的推力，其發揮了驚人的效果。根據機場航廈負責人的說法，自從在小便斗印上小蒼蠅圖案後，尿

液飛濺在男廁地板上的情況大幅減少，至少節省了機場總清潔費用的 8% 左右。

利用蒼蠅不衛生的形象，讓廁所使用者毫無罪惡感地瞄準蒼蠅。現在，這個推力手法已經廣泛普及，全世界的公共廁所都畫著蒼蠅圖案。

認知偏誤之一的「預設值效應」

接著介紹另一個展示推力影響力的例子吧。塞勒教授在推力理論中主張：「要求對方做出選擇時，**提示選項的方式會影響對方的回答**」。他認為那些看起來很普通的小要素，會對對方的決策產生重大影響。

下方圖表顯示了 2003 年歐洲各國的器官捐贈同意率。與日本一樣，歐洲國家可以在生前表示意願，自己決定死後是否捐贈器官。

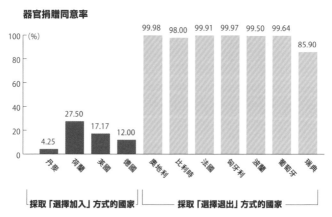

出處：「Do Defaults Save Lives?」（Eric J. Johnson and Daniel Goldstein ／ 2003 年／ Science）
https://www.science.org/doi/10.1126/science.1091721

從這張圖表可以知道，器官捐贈同意率低的國家和同意率高的國家是明顯區分開來的。例如，德國的器官捐贈同意率占人口的12％，而在文化和經濟發展上都非常相似的鄰國奧地利，同意率則是99.98％。

然而，為什麼同樣都是歐洲國家，卻有如此大的差異呢？是因為教育、文化或宗教的不同所導致的嗎？

其實，這個差異中隱藏著一個意外的因素。各國採用的器官捐贈「獲取同意方式」是不同的。

● 選擇加入（Opt-in）方式：請對方表示同意

● 選擇退出（Opt-out）方式：請對方表示拒絕（如果不勾選，就視為同意）

在德國等同意率較低的國家，採用了「選擇加入」的方式，即有意願捐贈器官時才要勾選。另一方面，在奧地利等同意率較高的國家，則是採用「選擇退出」方式，在沒有意願捐贈器官的情況下才要勾選。

選擇加入方式

☐ 希望參加器官捐贈計畫者，請在這個方框打勾。

選擇退出方式

☐ 不希望參加器官捐贈計畫者，請在這個方框打勾。

有趣的是，不論提供哪種選擇方式，大多數的人都沒有在該方框打勾。這是為什麼呢？

這是我們所擁有的一種認知偏誤「**預設值效應**」造成的。預設值效應是指一種心理傾向，人們會接受一開始就被選定的選擇，盡

可能不接受變化，想要維持相同狀態的惰性思考——這與「現狀偏差」也有關聯。例如，大多數人不會更改電腦或應用程式的設定，是因為心裡認為「一定已經是最佳狀態了」、「變更設定可能會出現奇怪問題」、「改變設定很麻煩」，想要避免這些心理負擔或是採取行動的風險。

我們會覺得從早上起床到晚上睡覺期間的所有事情都是自己決定的，但實際上並非如此。有時候根據對方提供的選擇方式，我們實際上是「被迫選擇的」。

引導人們做出不利選擇的淤泥效應

在數位行銷領域中，也積極使用了推力所具備的「選擇輔助功能」。

在本書開頭我們介紹過電子報核取方塊，請以此為例思考一下。部分企業期待透過事先勾選同意的核取方塊，讓使用者維持原本的設定。這也是利用預設值效應的一種方式。

然而，使用者真的期望這種推力嗎？下圖是某個購物中心網站的電子報訂閱同意畫面，所有核取方塊都已經預設為勾選狀態。雖說已經在這個網站購物了，但有多少人想要訂閱所有電子報呢？

塞勒教授將那些不符合本人利益的推力行為，也就是妨礙人們做出明智選擇，或將行為導向不利方向的行為，稱為「**淤泥效應**」。與推力意思相反的「淤泥效應」，本質上指的是和暗黑模式相同的行為。

推力：促使對方做出更佳選擇的行為

淤泥效應：妨礙對方的明智判斷，使其做出不利選擇的行為

預防不情願購物的設計

某個大型購物網站將訂購商品的選項預設為「定期購買」，因此有些只想購買一次的使用者對此抱怨：「商品寄來了好幾次」。但頁面上已經標示著「定期購買」，所以這種做法並未違法，而且似乎也有人嚴格看待此事，認為是使用者「把自己的疏忽歸咎給網站」。

雖然這種問題視情況而定，但企業方的主張：「我們已經在網頁上標了，所以我方並沒有錯」，欠缺了重要的觀點。這是因為人類的認知能力是有極限的。就像服務使用者應該確實理解合約內容後再購買一樣，企業也必須考慮到網站上的語言和設計，避免使用者出現不情願購物的情況。因為無論是多麼小的設計要素，也都會影響顧客的決策。

影響決策的 Microcopy

操作介面時需要依靠語言

在這個章節,我們將著重介紹溝通的基礎要素「語言」。

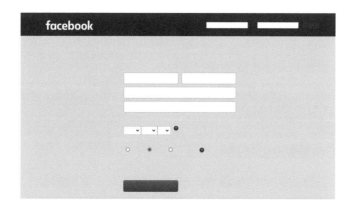

請想像一下這個問題:「如果所有介面上的語言都消失了,那會
怎麼樣?」。從網站、手機應用程式、銀行 ATM、電動遊戲,或
是機場自助服務終端機,當我們操作這些介面時,就會實際感
受到我們多麼依賴語言。如果沒有語言,我們就無法正確操作
介面。

2009 年，曾擔任 HubSpot 的 UX 總監兼產品設計師的約書亞·波特（Joshua Porter），將我們在介面上看到的一小段文字取名為「Microcopy（小提醒）」。波特在部落格文章「Writing Microcopy」中談到某個電子商務網站的結帳系統，而這就是他發現「Microcopy」概念的契機。

僅僅一行訊息就大幅改變使用者的行為

出處：「Writing Microcopy」http://bokardo.com/archives/writing-microcopy/
　　　出自《Web コピーライティングの新常識ザ・マイクロコピー》（山本琢磨 著／秀和システム）

波特所設計的是我們平常看到的簡易結帳系統。然而，這個結帳系統有個嚴重的缺陷。那就是使用者輸入帳單地址時經常出現錯誤，導致所有線上交易有 5 ～ 10％是失敗的。所以不只失去和使用者進行寶貴交易的機會，也增加了客服部門的負擔。

因此他想到了一個點子。

為了避免使用者輸入錯誤，他在帳單地址的輸入欄位附近添加了以下訊息：

「請務必輸入您所綁定信用卡的帳單寄送地址」

於是，錯誤很快就減少了，客服部門花費的時間也縮短了，業務也開始提高收益。這是因為介面上的一小段文字改變了使用者的行為。關於這個情況，波特如此敘述：

「諷刺的是，最簡短的文案「Microcopy」有時也可能具有最大的影響力。Microcopy 雖然簡短，卻是強大的文案。」

（筆者譯）

出處：「Writing Microcopy」(http://bokardo.com/archives/writing-microcopy/)

他所發現的 Microcopy 概念，給許多從事網站或應用程式等數位產品撰稿人帶來啟發。這是一種「內容優先」的思考方式，從專案早期就將語言作為設計核心。在此之前，介面設計是以視覺設計優先，語言則被放在次要位置。使用 Lorem Ipsum（虛構文字）進行排版，之後再填入正式文案的方式是一種慣例。

Google 進行的 Microcopy A/B 測試

Google 的使用者體驗負責人瑪姬·斯坦菲爾（Maggie Stanphill）在 2017 年的「Google I/O 大會」主題演講中發表的報告，也表示 Microcopy 有助於改善自家公司的「Google 飯店搜尋」服務。

在之前的 Google 飯店搜尋中，搜尋畫面上會顯示 Microcopy，例如「**預訂房間**（Book a room）」，以提醒使用者訂房。然而，斯坦菲爾的團隊在進行 UX 研究後發現，當使用者開始搜尋飯店時，這個簡短文字就已經給人過度承諾的壓力。因為使用者的心態尚未進入「預訂（購買）模式」，而這個詞語讓人覺得很沉重。

因此，斯坦菲爾的團隊將這個 Microcopy 改成配合使用者的輕鬆說法「**確認空房狀況**（Check availability）」。於是效果立刻顯現出來，顧客參與度也提高了 17％。這正是波特所說的「雖然簡短卻是強大的文案」的典型範例。

 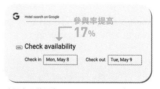

預訂房間（Book a room）　　　　確認空房狀況（Check availability）

出處：「How Words Can Make Your Product Stand Out」（Maggie Stanphill，Allison Rung and Juliana Appenrod ／ 2017 年／ Google I/O '17）https://www.youtube.com/watch?v=DIGfwUt53nI

現在，各種規模的企業開始認識到 Microcopy 的重要性。因為將介面上的文案最佳化，例如按鈕的文字或輸入表單的標籤等等，使用者就能更順暢地完成任務。產品的易用性會直接影響企業收益，因此對企業而言，針對細節文案進行投資也具有巨大的價值。近年來，負責介面相關寫作的專業人員「UX 撰稿人」的需求也逐漸增加中。

「Words Matter: Testing Copy With Shakespeare」（https://netflixtechblog.medium.com/words-matter-testing-copy-with-shakespeare-5df48b38158a）

提供大型影片串流服務的 Netflix 引入了自家公司的工具「Shakespeare」，以便內容設計師和語言經理能夠進行 A/B 測試。Netflix 過去曾測試了總共 10 種不同的註冊按鈕樣式。這是因為他們理解訊息的訴求和微小的措辭差異，會對新使用者的註冊率產生重大影響。

Netflix（https://www.netflix.com/tw/）

人為錯誤

如果介面上的語言不太容易理解,會導致什麼情況呢?首先可能會發生的是「操作錯誤」。

2018 年 1 月 13 日星期六的早晨,一則緊急訊息透過電視、廣播和手機發送給夏威夷居民,警告他們彈道飛彈即將來襲。

在 MBA 比賽轉播期間誤發了警報。「緊急速報：夏威夷正面臨彈道飛彈的威脅。請立即逃難。這不是演習。」

警報發送後的 38 分鐘，陷入恐慌的當地居民才收到一則撤回訊息，內容是「夏威夷沒有受到威脅」。當時，美國與中國正處於緊張局勢，當地居民預想可能會發生核武攻擊，有些人將小孩藏在下水道人孔下，還有人打了最後的告別電話。

全球媒體報導了這起飛彈誤報事件，夏威夷州的危機管理機構負責人因此引咎辭職。然而，究竟為什麼會發生這種事情呢？

操作錯誤的原因在於夏威夷州使用的警報軟體介面。當天，管理局員工誤選了正式版本的「PACOM（CDW）」，而非演習時使用的「DRILL-PACOM（DEMO）」。結果警報不是發送給僅供測試的設備，而是導致超過 100 萬名夏威夷居民的手機響起了警報聲。

1. State EOC

1. TEST Message

DRILL-PACOM(DEMO) STATE ONLY ·········· 演習版本

False Alarm BMD(CEM)-STATE ONLY

Monthly Test(RMT)-STATE ONLY

PACOM(CDW)-STATE ONLY ·········· 正式版本

夏威夷州緊急事務管理局因為安全問題而避免公開實際畫面，但公開了上述的模擬畫面，並表示「已經清楚重現實際情況」。

然而，一旦看到這個介面，就會發現即使工作人員操作錯誤也毫不意外。這兩個選項只有 DRILL 和 DEMO 這兩個單字的差

異，所以很難區分（如果使用「Test Alert：PACOM」和「Live Alert：PACOM」之類的寫法，就更容易理解）。此外，演習版本和正式版本的選項在同一個選單中顯示，因此可以說一開始就處於容易導致操作錯誤的環境中。

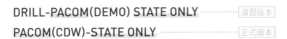

「人為錯誤」這個詞彙帶有執行操作的使用者本人必須負責的語感，但這是錯誤的理解。因為問題在於引發錯誤的介面設計，而不是使用者。為了不依賴使用者的努力和能力來防止錯誤，必須在介面上設計該機制。

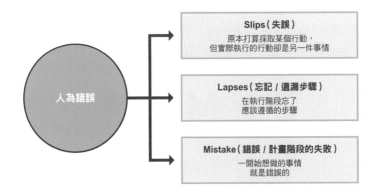

使用者採取行動的三個條件

何謂福格消費者行為模型？

每個人應該都有過手機響了卻沒接，或是無法接聽的經驗。原因可能各不相同，例如「正在進行重要會議」、「因為來電者不好對付」、「正在洗澡手濕濕的」、「身體狀況不佳」，或是「沒有注意到來電鈴聲」。

當我們採取或不採取某些行動時，都存在一個方程式。而史丹佛大學的 B. J. 福格（B. J. Fogg）教授提出的「福格消費者行為模型」，則將這個方程式簡化成容易理解的形式。

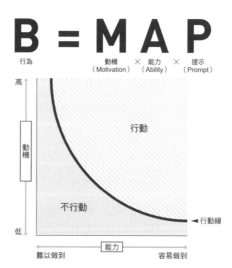

出處：Fogg Behavior Model（福格消費者行為模型）
https://behaviormodel.org/ 動機和能力是互補關係。
圖表中央的「行動線」表示人們採取行動所需的最小刺激強度（臨界點）。

根據福格教授的說法，人們採取「行動（Behavior）」時需要具備三個條件，即動機（Motivation）、能力（Ability）和提示（Prompt）。例如，即使使用者有足夠的動機和執行能力，如果沒有提示，他們也不會採取行動。即使有提示又有強烈動機，但如果使用者本身缺乏執行能力，或是因為某些限制而無法執行，他們也仍然不會採取行動。

福格教授的消費者行為模型可以幫助我們思考，應該從哪些方面著手來影響使用者的行為。

為了有效說服而開發的技術：「電腦勸誘科技（Captology）」

改變人們行為的設計會為使用者體驗帶來附加價值，而且還能加深使用者和產品之間的關係。例如，你可能使用過以下的應用程式：

● 鼓勵使用者學習英語的應用程式（提高動機）

● 每天在固定時間發送提醒的冥想應用程式（給予提示）

● 自動計算每天卡路里的瘦身應用程式（讓執行變得更容易）

就像這樣，我們日常中使用的應用程式也內建了各種促進使用者改變行為的機制。福格教授將這種說服工具的技術稱為「Computer As Persuasive TechnOLOGY：Captology（電腦勸誘科技）」。

> 「隨著電腦從研究室轉移到桌面和日常生活中，電腦透過設計變得更具說服力。如今，電腦扮演了各種說服者的角

色，包含以往由教師、教練、神職人員、治療師、醫師、銷售人員所肩負的角色。」（筆者譯）

——B. J. 福格

B. J. 福格—為了有效説服而開發的技術：「電腦勸誘科技」模型。

出處：《Persuasive Technology: Using Computers to Change What We Think and Do》（B. J. Fogg ／ 2003 年／ Interactive Technologies）

為了説服而使用的技術自然會涉及使用者的道德倫理。這是因為技術在許多方面都優於人類。例如它可以反覆顯示彈出式視窗，有耐心地説服使用者，或是透過事先內建的聊天腳本來打動對方的心。這比人類進行的説服更加強大。

不只如此，為了説服別人，這種技術還需要符合社會化行為。如果你所設計的介面出現失禮的行為，可能就會傷害、激怒使用者。

史丹佛大學的克里佛‧納斯（Clifford Nass）教授和嚴碩麗（Corina Yen）合著的書籍《你會對你的電腦説謊嗎？：從人和電腦的互動，了解如何成功經營人際關係》（財信出版有限公司，2011 年）中，透過 30 次實驗，揭示了我們人類很容易將只能顯示對話框的簡單電腦當作人類對待的事實。

根據納斯教授的說法，**操作電腦的人們期待電腦能按照人類社會的溝通規則來行動**。

簡單來說，就是人們會對有禮貌、願意稱讚自己的軟體產生好感，對於沒禮貌且具批判性的軟體感到厭惡。

使用者會像對待人類語言一樣去接收介面上顯示的訊息。因此，我們所設計的數位產品中，需要誠實與有禮貌的要素。

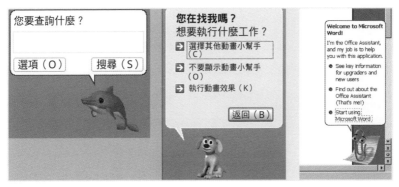

這是過去 Microsoft Office 內建的小幫手功能。從左到右分別是海豚 Kairu、小狗 Rocky 和迴紋針 Clippy（英文版）。由於搜尋功能不佳，不能進行交流，所以無法獲得使用者的認可。

Fast and Slow──
快速思考與緩慢思考

大腦的兩種系統

來進行一個小測試吧！請觀察下方圖片，推測這位女性現在的情緒是如何。

接下來，請試著解開這道謎題。

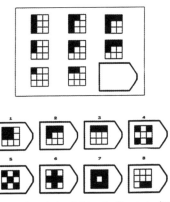

出處：「On Mathematical Reasoning - being told or finding out」（Mathias Norqvist ／ 2016 年／ Umeå University）

雖然看照片時，一瞬間就可意識到這位女性正在生氣，但要從圖形中發現規律的話，則需要動腦，思考速度會變慢。現在，在你回答這兩個問題的過程中，已經改變了大腦的使用方式。

我們的大腦有兩種思考模式。第一種是**進行無意識、直覺判斷的「快速思考」模式**。我們能夠在日常生活中無意識地進行多數行為，例如刷牙、開車行駛平常的通勤路線，是因為大腦在這個「快速思考」模式下自動做出判斷。

第二種則是**沉思式的「緩慢思考」模式**。在需要專注力的狀況下，例如學習外語、編寫應用程式，或是必須解開複雜方程式時，我們會使用第二種思考模式。

大腦的兩種系統

系統 ①		系統 ②
快速思考	↔	緩慢思考
無意識的	↔	有意識的
自動操控	↔	需要努力
每天的決策	↔	複雜的決策
欠缺合理性	↔	合理的
朝向聲音來源的方向 閃避飛來的球 行駛熟悉的路線 從表情讀取情緒		學習第二種語言 解開複雜的計算公式 想起電話號碼 從群眾中找到朋友

美國心理學家、諾貝爾經濟學獎得主丹尼爾·康納曼（Daniel Kahneman）在其著作《快思慢想》（遠見天下，2012 年）中，進一步發展了心理學領域已知的兩種大腦系統「系統 1」和「系統 2」的理論。

根據康納曼的說法，系統 1 可以在無意識的情況下輕鬆執行，系統 2 則必須在有意識的狀態下啟動才能運行。系統 2 的認知負荷高，如果一天使用多次，就會感到疲勞，因此通常處於怠速狀態。在認知心理學的領域中，有一種觀點是，在我們一天的活動中，能夠承受的有意識判斷總量是固定的，一旦超過這個固定分量就容易犯錯※。

因此，為了保存思考能量，大腦在預設情況下會使用系統 1，遇到系統 1 無法應對的困難場面時，才會交接給處於怠速狀態的系統 2。這兩種系統的區分使用，是因為我們的大腦經過長年累月的最佳化，才讓我們具備了能夠做出大量決策的能力。

※ 近年來，也有人對這個「自我消耗論」提出反駁意見，還有學者主張，只有那些相信「意志力是有極限的」的人才會注意到自我消耗的跡象。

所見即所有──何謂 WYSIATI 偏差？

系統 1 有一個特徵，就是它會根據當下看到或聽到的資訊，建構出故事情節，並想要立刻做出結論，其具有貿然做出判斷的傾向。作為預設的思考模式，系統 1 與系統 2 不同，並不會進行深思熟慮，而是做出直覺且自動的判斷。換句話説，這可以稱為「率直的思考模式」，它重視手邊現有資訊，而手邊缺乏的資訊就好像不存在一樣，也不打算尋找，因此其弱點就是容易做出錯誤判斷。

康納曼將這種特性稱為「WYSIATI 偏差」（What You See Is All There Is.：自己所見即為所有）。例如，與初次見面的人相遇時，可能幾秒內就會產生某種印象。在日常生活中，我們會根據所見資訊做出大部分的判斷。

暗黑模式會攻擊系統 1 的弱點

在暗黑模式中，有些模式是瞄準系統 1 當中的 WYSIATI 偏差而設計的。

使用者會根據過去接觸網站或應用程式的經驗，建立出「要做○○，就應該這樣操作」的經驗法則。這種腦海中的想像稱為「心智模型」，但在暗黑模式中，有許多逆向操作使用者心智模型的設計，因此每個人都很容易受騙。

暗黑模式違反了易用性專家雅各布・尼爾森（Jakob Nielsen）所提倡的「雅各布法則」。

2

決策科學

「使用者大部分時間都在其他網站度過。換句話說，使用者期盼你的網站能像他們已知的其他網站一樣運作。」

（筆者譯）

——雅各布・尼爾森　*Nielsen Norman Group*

出處：「End of Web Design」（https://www.nngroup.com/articles/end-of-web-design/）

習慣使用網路的重度使用者不容易被暗黑模式欺騙，是因為他們從過去的失敗中學到教訓。

其中也包含情感記憶。遇到可疑的橫幅廣告時，或是可能被迫訂閱大量電子報時，系統 1 的思考會捕捉過去記憶中的「厭惡感」，進而啟動怠速狀態的系統 2，進入深思熟慮的模式。「噢，這好像有點奇怪……」，透過這種邏輯思考就可以避免落入陷阱。

然而，大多數使用者沒有足夠的經驗和知識來避免暗黑模式。即使概括稱為「暗黑模式」，其手法也各有不同，每天都會誕生新的模式。因此，網路使用經驗少的小孩，或因年齡增長而認知能力衰退的高齡者，就容易陷入暗黑模式陷阱。

正因為如此，不僅是我們這些服務設計者，使用者也必須事先理解暗黑模式的存在。如果平時就掌握相關知識，具備冷靜的視角去思考「這是暗黑模式嗎？」，就能避免掉進網路上設置的陷阱。

說服 vs. 欺騙、操作、強迫

討論暗黑模式的界線

銷售人員的工作是理解顧客的需求、透過銷售幫助他們。然而，實際上顧客經常不了解自己想要或需要什麼，在許多情況下需要一個說服的過程。

不只是如此，若要讓人在網路上購買商品，還需要進行各種手續。例如，可能要讓他們註冊會員、輸入信用卡資訊，必要時也需要完成幾個購買流程。

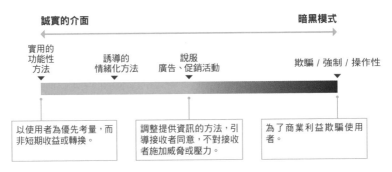

使用者介面有時會在道德、法律和追求利益之間搖擺不定，可能會與使用者想要的東西相反。

達成商業最終目標之前通過的中途階段，稱為**微轉換**。如果為了微轉換而欺騙使用者，或是強迫使用者做某些事情，這就已經不

是說服了。本來，說服就應該是透過對話進行的。如果只是為了達成商業目標，而不考慮對方的意願時，那麼這個網站設計就已經開始傾向於暗黑模式了。

然而，到哪個部分是為了說服人而產生的設計，從哪裡開始是暗黑模式，這個界線是模糊的。實際上，在這兩者之間存在著平緩的漸變區域。控管暗黑模式最困難的，就是必須在這個漸變區域中劃出界線。正如在 Chapter 1 的實驗中介紹的，芝加哥大學的傑米·路古禮等人在論文「Shining a Light on Dark Patterns」中，對暗黑模式的界線發表了以下言論：

> 「在我們修改的分類法中，我們比現有文獻更仔細地點出一個事實，只有社會認同（活動通知／顧客意見）和稀缺性（庫存稀少的訊息／需求高漲的訊息／期間限定訊息）是虛假或是會導致誤解的情況下，它們才會成為暗黑模式。當消費者對產品感到滿意並提供正面評價時，只要不使用會導致誤解的措辭，那在網路行銷中引用這些言論就不算是暗黑模式。」（筆者譯）

在制定法規的討論中，特別需要謹慎。為了讓「哪裡開始是暗黑模式」的區分界線更加貼近現實情況，我們不僅需要傾聽消費者的意見，也必須傾聽現場設計師的意見。例如，設計師、撰稿人、數位行銷人員、資訊設計和使用者體驗專家、法律專家、行為經濟學專家和認知科學專家，各個領域的人們都必須參與討論。

Chapter 3

暗黑模式的種類

在本章節中，我們將聚焦於暗黑模式。企業使用的
暗黑模式有哪些類型？其背後使用了哪種心理技巧
呢？讓我們觀察網站和應用程式的實例來學習各種
暗黑模式的特點吧！

3 1

Sneaking
（偷偷地）

「透過不正當的詐騙手段獲得的東西，絕對不可靠。」

——希臘悲劇作家　蘇弗克里茲（*Sophocles*）

Sneaking（偷偷地）是指隱藏、偽裝或延後公開重要資訊來欺騙使用者的行為。在這個章節將詳細解說三種透過隱密方式欺騙使用者的暗黑模式。

● 潛藏付費項目（Sneak into Basket）

● 隱藏費用（Hidden Costs）

● 誘餌推銷法（Bait and Switch）

潛藏付費項目（Sneak into Basket）

確認訂購內容
母親節禮物組合　1個　　4,980日圓
留言卡費用　　　1個　　　 200日圓
　　　　　　　　　　　　　移除

合計(含稅)　　　　　　 5,180日圓

前往結帳

將鮮花禮物放入購物車後，系統會擅自添加留言卡。

孩童時期和父母一起去超市買東西時，你應該曾經偷偷地將點心放進購物籃裡吧。但如果企業也做了相同的事情，那會怎樣呢？

「**潛藏付費項目**」的暗黑模式是指未經使用者同意，擅自將商品添加到購物車的行為。有時會在不知情的狀態下選擇了付費選項，或是訂購某個商品時，附加了其他商品作為配件。這種暗黑模式就跟它的名字一樣是偷偷進行的，因此使用者會因為不需要的東西支付額外的費用。

機票預訂網站的付費選位

在 A 航空公司的機票預訂網站上，當使用者選擇航班並完成托運行李設定後，就會顯示指定座位的頁面。

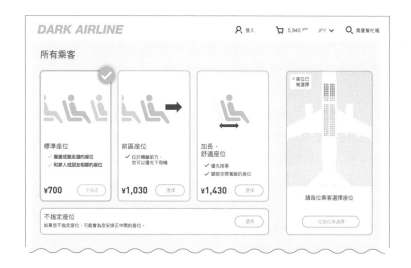

然而，在顯示這個頁面時，系統已經替你選擇了付費座位，而且該費用 700 日圓（來回 1,400 日圓）已經被加入總付款金額

中。使用者此時只是打開頁面，尚未進行任何操作，所以如果不注意的話，就不會發現費用的變化。

此外，在這個頁面中，如果使用者木指定座位，電腦就會自動分配座位。因此，實際上使用者必須支付他們並未選擇的座位費用。

就像這樣，許多潛藏付費項目的暗黑模式都使用了欺騙方式，事先將某些特定選項設為「**預設選項**」。

對使用者而言，最適當的預設選項是什麼？

本來預設選項是要節省使用者的操作時間，使其順利進行到下一步。這個預設值（初始設定）必須是減少使用者風險、通常會被選擇的，或是中立的選項。但實際上，許多企業使用預設選項作為銷售策略，來讓使用者選擇付費選項或是高價方案。因為根據 Chapter 2 所介紹的「預設值效應」，使用者會傾向於維持預設設定。

UIE 公司的易用性專家賈里德‧史普（Jared M. Spool）在文章「Do users change their settings?」中指出，更改預設設定的使用者不到整體使用者的 5%。

> 「長年以來，我們以各種方式反覆進行了這個實驗。其結果是一致的，使用者幾乎不會更改設定。」（筆者譯）

出處：「Do users change their settings?」
https://archive.uie.com/brainsparks/2011/09/14/do-users-change-their-settings/?msclkid=32b346c0cf6511ec823bb66aa310e873

九成以上的使用者所選擇的選項

作為標準，我們將超過 90％的使用者選擇的選項設為預設值。例如，在機票比價公司 Skyscanner 的網站中，來回、1 位成人和經濟艙都是預設值。出發地則會根據網站使用者的介面存取點自動輸入（智慧預設）。

出處：https://www.skyscanner.com.tw/

中立的選項

接下來將中立的選項設為預設值。在左圖的情況下，使用者可能會產生各種不安（例如「我必須節省到這種程度嗎？」、「我是不是太節省了？」）。而在右圖的情況下，使用者只需輸入金額即可完成。

出處：「How to write inclusive, accessible digital products」
https://uxdesign.cc/how-to-write-inclusive-accessible-digital-products-
2f4b35ec59a2

風險少的選項

接著要將對使用者而言風險較少的選項設為預設值。在需
要確認使用者意願的場合，例如同意服務使用規約、訂閱
電子報等情況，要避免使用預設選項。

尊重使用者的選擇

適當的預設設定能帶來流暢的體驗。然而，會對使用者付款或服
務內容造成影響的情況，就應該謹慎使用。

Jetstar 航空公司的網站根據不同國別，預設選項可能會有所不同。
出處：https://www.jetstar.com

尤其是涉及到使用者健康、財產、幸福的重要選擇時，必須確認
使用者的意願。最佳方法是利用**主動操作的方式**，例如點擊或輕
觸，讓使用者做出選擇。此外，也要設定成使用者之後能輕鬆更
改選擇的模式，以防他們發現自己選擇錯誤或是改變主意。也可

以提供取消申請或是保證退費的選項。這樣使用者就能有信心地採取行動，同時也能展現品牌的可信度。

此外，如果你的企業組織出現以下三種情況之一，可能是因為設定了錯誤的預設選項。一定要調查與網站設計的因果關係。

① 使用者經常要求「更改申請內容的手續」
② 使用者經常要求「取消、退費的手續」
③ 客服部門收到大量「客訴」

我們能做的只是提出建議，而非強迫

在大型電信業者 A 公司的網站上，當使用者將 iPhone 加入購物車時，同時也會「自動選擇」購買遺失保險服務。這樣做的話，不需要保險服務的使用者，也可能在無意中加入這個選項。

確實，在商業交易中，有些選項只能在購買時選擇，或是購買後再申請就變得更昂貴。如果沒有事先加入，萬一出事時，使用者可能會遭受利益損失（例如航空旅行傷害保險）。

然而，我們能做的頂多只是「提出建議」。擅自將商品放入使用者的購物車裡，在正常交易中是無法想像的。

Apple 的官方網站是有考慮到這一點的。如果使用者將產品放入購物車時，沒有選擇 AppleCare ＋的保險服務，網站會在進入結帳前的畫面再次提醒使用者。注意到自己忘記加入（或是重新考慮後）的使用者，只需按下「添加」按鈕即可。這樣就能以非強迫的方法，協助使用者做出更好的選擇。

3

暗黑模式的種類

出處：Apple 官方網站（https://www.apple.com/tw/）

MEMO 不可以任意更改合約期限

一開始提供的費用和合約期限，必須在整個購買過程中保持一致性（除非使用者進行更改）。

在大型網域取得網站 A 公司的網頁中，當使用者找到喜歡的網域並添加到購物車後，在下一個畫面顯示的網域費用與一開始提供的費用相差甚遠。這是因為預設選擇的是支付兩年份的網域費用，而不是顯示在第一個頁面上的一年份費用。

隱藏費用（Hidden Costs）

當您將票券添加到購物車，試圖完成訂購時，在最終畫面會顯示預期之外的手續費。

當購物流程進入最後階段時，被告知了預期之外的費用——這就是名為「**隱藏費用**」的暗黑模式。企業隱藏的成本包括各種類型，例如手續費、運費、包裝費、稅金等等。

大型票務平台 StubHub 進行的暗黑模式 A/B 測試

2015 年，芝加哥大學的行銷學副教授莎拉·莫沙里（Sarah Moshary）與經濟學家史蒂文·塔德利斯（Steven Tadelis）等人，對數百萬人進行了一個 A/B 測試。實驗舞台是全球最大的票券交易平台 StubHub。

他們所調查的是「**滴灌標價（drip pricing）**」效應，即在商品的初始頁面隱藏手續費，在購買的最後階段才揭露手續費。滴灌標價因其性質之故，也被稱為「隱藏成本」。

在這個實驗開始之前，StubHub 一直採用「全包式」設計，從一開始就告知使用者票券付款總額。因為根據使用者調查結果，可以得知使用者不喜歡在結帳時看到票價飆漲。

在票券業界中，於銷售頁面上隱藏手續費已是長年的商業習慣。StubHub 帶頭率先提供高透明度的價格，期待其他公司能夠跟隨他們的做法。

讓人花更多錢的滴灌標價

出處：「Price Salience and Product Choice」（Tom Blake, Sarah Moshary, Kane Sweeney and Steven Tadelis ╱ 2021 年 ╱ Marketing Science）
http://faculty.haas.berkeley.edu/stadelis/AIP.pdf

StubHub 針對美國數百萬名使用者進行了 A/B 測試。對於訪問網站的 50％使用者，從一開始就告知他們付款總額。而對於剩下的 50％使用者，則是一開始就隱藏手續費，直到抵達結帳畫面時才告知付款總額。

A/B 測試的結果相當驚人。可以發現被隱藏手續費的使用者與一開始就知道付款總額的使用者相比，支付的票價多了 21％，而且完成訂購的機率也高出 14％。此外，他們傾向購買靠近舞台的座位，每張票券的購買金額也高出 5％。

進行實驗的經濟學家史蒂文・塔德利斯提出以下説法：

「在結帳時才明確顯示付款總額，而且內含『隱藏手續費』的網站，比事先誠實告知所有價格的網站獲得更多利潤。」（筆者譯）

出處：「Buyer beware: Massive experiment shows why ticket sellers hit you with last-second fees」（https://newsroom.haas.berkeley.edu/research/buyer-beware-massive-experiment-shows-why-ticket-sellers-hit-you-with-hidden-fees-drip-pricing/）

這些測試結果公布後，StubHub 的經營團隊決定停止過往那種事先顯示付款總額的方式，並改回滴灌標價方式。這個經營決策深受其他競爭公司依然隱藏手續費的影響。即使某種程度上票價差不多，但在外部比價網站上，只有 StubHub 的票價看起來異常昂貴，導致他們的銷售額下滑。

出處：「StubHub Gets Out of 'All-In' Pricing」
https://www.wsj.com/articles/stubhub-gets-out-of-all-in-pricing-1441065436

「既然已經做到這個地步了」沉沒成本效應

然而，為什麼被隱藏手續費的使用者反而會花更多錢買票呢？如果在最後結帳畫面中票價飆漲，一般反應應該是放棄購買或是轉往其他售票網站。

其實，這個也與使用者的認知偏誤有密切關係。隱藏成本的暗黑模式之所以能發揮作用，是因為使用者受到「**沉沒成本效應**」的影響。沉沒成本效應是指無法捨棄已經花費的勞力（時間、金錢）價值，讓人無法回頭的心理現象。

請想像一下你買票的場景。你打開網站搜尋想要的票券，選擇日期和座位，最後輸入個人資訊和付款資訊。你應該會集中精神在畫面操作上，花費至少數分鐘到數十分鐘的時間。這些時間和精神上的心力將成為你已經付出的價值。即使你突然被告知需要支付手續費，票券費用飆漲，可能也會覺得「既然已經做到這個地步了……」而繼續購買。這就是沉沒成本效應。

全球購物車平均棄車率

Baymard Institute 公司進行了有關電子商務網站的調查，根據該公司的報告，2022 年全球電子商務網站的網購購物車平均棄車率是 69.82%。這意味著大約有七成的網站訪客將商品放入購物車後，會因為某些原因離開網站。

從這個數據中我們應該學到的是，顧客在購物過程中放棄購物車的原因。

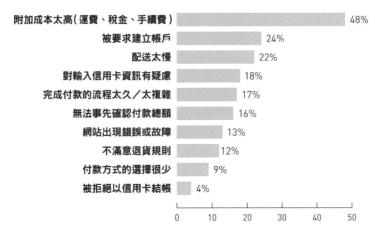

電子商務網站的購物車棄車（離開購物車）原因

附加成本太高（運費、稅金、手續費）	48%
被要求建立帳戶	24%
配送太慢	22%
對輸入信用卡資訊有疑慮	18%
完成付款的流程太久／太複雜	17%
無法事先確認付款總額	16%
網站出現錯誤或故障	13%
不滿意退貨規則	12%
付款方式的選擇很少	9%
被拒絕以信用卡結帳	4%

2022 年／美國成年人 4,384 例的調查數據

出處：「46 Cart Abandonment Rate Statistics」（https://baymard.com/lists/cart-abandonment-rate）

根據調查報告顯示，整體使用者中，有 48％的人放棄購物車的原因是因為附加成本（運費、稅金、手續費）太高。此外，16％的使用者提出的理由，是無法事先確認、估算訂單的總金額。

這些都是讓顧客感到不滿的「隱藏成本」暗黑模式。類似的趨勢也反映在 StubHub 的調查結果中，手續費被隱藏的使用者的購買率，比一開始就知道付款總額的使用者低了 45％（亦即購物車棄車率很高）。此外，這種使用者也傾向於再次返回頁面重新搜尋票券。

儘管購物車棄車率高，StubHub 的銷售額依然增加，這是為什麼呢？原因是重新搜尋票券所花費的勞力，進一步增強了使用者的沉沒成本效應，最後還是推動使用者購買票券。滴灌標價剝奪了使用者大量的時間和勞力，但也從中賺取更多金錢。

業界習慣改變了使用者的購買行為

現在，StubHub 在網站設置了選項功能，使用者可以透過全包式服務查看票券價格。然而，StubHub 後來仍持續提供會導致誤解的價格資訊，並於 2020 年因為欺騙性廣告標示的問題，被加拿大競爭局罰款 130 萬加元。

作為業界習慣使用的滴灌標價也改變了使用者的購買行為。大多數使用者已經認為，售票網站的價格最後「終究會漲價」，因此即使提供公開透明的全包式價格，也無法提高消費者的購買意願。

對於被要求改善滴灌標價的企業來說，這種情況也很複雜。即使只有他們採用全包式服務，如果其他競爭公司繼續提供滴灌標價的價格，他們肯定會失去市場占有率。因此，每個企業都無法踏出「第一步」。目前在歐美地區，普遍認為除非進行市場整體控管（法律介入或立法措施），否則將無法消滅滴灌標價。

MEMO 設定每個人都能接受的手續費

在國外某個花店的網站，當你進入確認下單的最終畫面時，你會首次知道需要支付 14.99 美元的運費和 2.99 美元的「花卉修整費」。一般而言，花店修整花卉是理所當然的，這個費用應該包含在商品價格中。然而，使用者在抵達這個畫面之前花費了大量心力，心理上很難再回頭。所以使用者可能會在「不得已之下」購買商品，但使用者的滿意度會下降，因此重複購買的可能性就會降低。

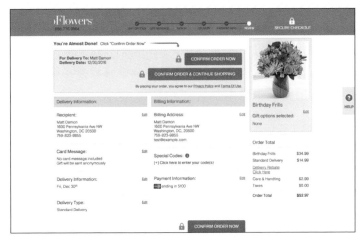

出處：「Darkpatterns.org - Hidden costs」（https://www.deceptive.design/types/hidden-costs）

如果手續費不合理，就無法讓使用者接受。在民宿服務公司 Airbnb 的預訂頁面上，所有手續費都已事先標示出來，使用者可以知道支付的款項會用於何處，會如何回饋到服務上。

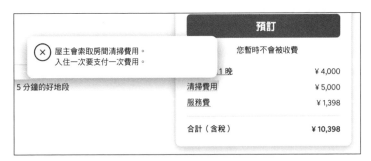

出處：Airbnb 官方網站（https://www.airbnb.com.tw/）

信任蓄水池

易用性諮詢顧問的權威專家，史蒂夫·克魯格（Steve Krug）在其著作《如何設計好網站》（上奇科技，2014年）中介紹了「**信任蓄水池**」的概念。

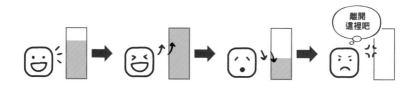

信任蓄水池的水位表示使用者對你的品牌的信任程度。使用者一開始使用網站時，對品牌有一定程度的信任，但如果操作困難或是找不到所需資訊，蓄水池的水位就會逐漸下降。

相反地，如果能協助使用者的任務，或是透過服務提供價值，蓄水池的水位就會再次上升，但也會因為不誠實的銷售手法，讓水

位瞬間枯竭。在手指就能操作一切的線上世界，使用者是很誠實的。如果讓使用者感到「這個網站無法信任」，他們就會很快離開。

MEMO Slack的公平收費政策

透過線上方式提供服務的 SaaS（Software as a Service，指「軟體即服務」）產品的費用，大多根據團隊成員數量來收費。未使用軟體的成員（非活躍使用者）數量不會被考慮在內。另一方面，針對商業用途的聊天軟體 Slack 則建立了公平收費政策，只按照實際使用人數收費。企業會優先將員工未使用的服務作為降低成本的對象，因此提供公平收費系統，對服務提供者來說也是有意義的。

誘餌推銷法（Bait and Switch）

在連結網頁輸入贈品收件人資訊後，個人資訊就會被竊取。這是以中獎為誘餌的詐騙廣告。

當使用者操作介面，並嘗試執行特定動作時，結果卻發現與預期不符，這就是「**誘餌推銷法**」的暗黑模式。

「誘餌推銷法」原本是指線下行銷中的不道德商業手法。例如，在傳單上刊登已簽約的出租房屋，或是刊登根本不存在的虛構不動產，都是誘餌推銷法的代表例子。由於為了吸引顧客會先展示虛假的誘餌（Bait），實際上則是調換（Switch）成其他優惠內容，因此被稱為「誘餌推銷法（Bait and Switch）」。

與廣告內容不同的遊戲應用程式

然而如今，在數位廣告領域中也使用了誘餌推銷法。俄羅斯遊戲開發公司 Playrix 所製作的應用程式《夢幻家園（Homescapes）》的廣告影片，呈現的是依照正確順序拔針來解救遇險管家的畫面，但實際試玩時，其內容卻是一款益智遊戲。在英國，由於該廣告內容與實際情況相差甚遠，消費者提出投訴，導致《夢幻家園》的廣告被停播[*]。

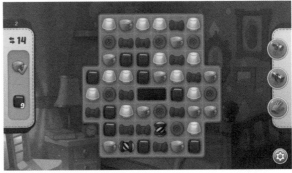

基礎操作免費的遊戲只要夠多人玩，通常就會有一定數量的玩家願意花錢購買道具。因此，有些遊戲開發公司認為即使廣告內容與遊戲內容不符也沒有問題。

[*] 因為被指控為廣告詐騙，之後 Playrix 在《夢幻家園》中添加了拔針遊戲元素作為小遊戲。然而，相較於整個遊戲的分量，這些要素也非常稀少。

Windows 10 的更新畫面

或許對最多使用者產生影響的「誘餌推銷法」暗黑模式之一，是 Microsoft Windows 10 的更新畫面。過去 Windows 中內建了應用程式「GXW」來通知使用者可以免費升級 OS，使用者可以透過彈出式視窗預約、執行最新版本的 OS。

然而，這個畫面中設置了某個陷阱。

正如 Microsoft Windows 所有使用者都知道的，視窗右上方的「×」按鈕表示「關閉」視窗。然而，在 2016 年 4 月，使用者看到的彈出式視窗中，「×」按鈕不再是原本的「關閉」之意，而是表示「升級到 Windows 10」。這種強迫手段是想要讓使用者安裝最新版本的 OS，結果卻連原本打算繼續使用現有版本 OS 的使用者的電腦也自動升級到 Windows 10。

出處：「強制推行升級 Windows 10 引發不滿後，Microsoft 終於屈服了」（https://www.itmedia. co.jp/pcuser/articles/1606/30/news074.html）

綜上所述,「誘餌推銷法」的暗黑模式的設計是要讓使用者產生特定期待,但實際執行後,卻會帶來完全不同的結果。

請確保介面的操作反應會保持一致性的規則,不會有不一致的情況發生。否則使用者每次使用產品都必須從頭開始學習操作方法,尤其面對重要操作時,可能就會因為害怕而無法操作。

———————

Urgency
（急迫性）

「截止期限是人類最偉大的發明。」　　　——作者不詳

我們非常清楚顧客會拖延做出決定的時間。然而，如果過度製造急迫感，或是說謊促使顧客行動的話，就會失去商業信任。在這個章節，我們將詳細說明 **Urgency**（急迫性）的暗黑模式。

● 倒數計時器（Countdown Timer）

● 期間限定訊息（Limited-time Message）

倒數計時器（Countdown Timer）

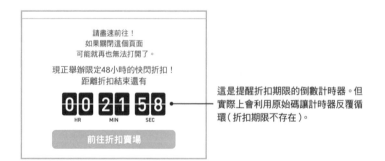

這是提醒折扣期限的倒數計時器。但實際上會利用原始碼讓計時器反覆循環（折扣期限不存在）。

如果你是撰稿人或行銷人，你可能會將「急迫性」這個心理誘因活用在銷售上。例如舉辦限時折扣，或是發送有效期的折扣碼。在優惠設定截止期限，就能增加使用者的急迫感，防止他們拖延做出決定的時間。

出處：Amazon 官方網站（https://www.amazon.com/-/zh_TW/）

急迫性的訴求一直是面對面銷售、紙媒文案中所使用的銷售策略，但網購時代來臨後，利用視覺化傳達優惠截止期限的「倒數計時器」便登場了。如今，像 Amazon 這種大企業在進行折扣活動時，也會在網站上顯示倒數計時器。

那麼，利用急迫性進行銷售的方法會有多大效果呢？

出處：Miss Etam（https://www.missetam.nl/nl/）

大型服飾公司 Miss Etam 進行了一個 A/B 測試，他們在銷售頁面設置了倒數計時器，提醒顧客訂購商品的次日配送期限，結果發現相較於未設置計時器的銷售頁面，轉換率提高了 8.6％。如

果考慮到設置倒數計時器所需的時間與勞力，這是一個性價比非常高的對策。

急迫性的心理誘因已被證實具有重複效應，可以說是一個鐵板定律。如果你翻開網路銷售的教科書，會發現幾乎每本書都寫著「請設定優惠期限」。

循環的倒數計時器

然而，因為容易提高銷售額，有些企業也會使用欺騙手法。他們所使用的就是「**虛假倒數計時器**」。

虛假倒數計時器看起來像是顯示單次限時折扣期限，但時間一到又會再次從頭開始倒數計時。換句話說，折扣本來就沒有期限，隨時都可以用折扣價格購買商品。

在引進行銷自動化（Marketing Automation）工具的企業網站上，經常可以看到這種暗黑模式。因為只要讓倒數計時器循環計時，不只能輕鬆增加銷售額，還能節省管理活動和更新網站的時間或勞力。

然而，使用虛假倒數計時器的企業，卻沒有考慮到購買商品的顧客再次訪問同一個銷售頁面時，會有什麼感受。在這樣的瞬間，品牌的信譽就會喪失。

使用倒數計時器時，請先冷靜思考一下，如果網站訪客是你的父母，你會怎麼想？你一定會連細節都慎重思考，例如這種急迫感是否合適？措辭是否恰當？至少你應該不會偽造折扣期限，或是使用讓人過度焦慮的計時器（例如顯示 0.1 秒以下的計時器）。

繼續使用 ⚠ 2021／10／31 22:00（剩下19天　21:30:00:824）

製造急迫感只是為了協助使用者做出決策。例如衣服的限時折扣、禮品當天寄送截止期限、POD 隨選印刷網站的截稿期限等情況，**只有使用者有立即行動的好處時**才應該使用這種手法。

相反地，即使快速行動也無法享受任何好處的話，就不應該使用急迫感。

期間限定訊息（Limited-time Message）

期間限定特別優惠！
現在才有的特價

北歐居家木椅
一般價格23,100日圓（含稅）……
期間限定優惠價格！

選擇顏色　灰色 ▼

價格￥19,800日圓（含稅）

加入購物車

雖然名為期間限定折扣，但沒有明確標示期限（實際上網站訪客隨時都能以這個價格購買）。

企業經常進行期間限定促銷，但有些促銷期限並不明確。濫用「**期間限定訊息**」的暗黑模式會暗示特別優惠即將結束，卻沒有明確顯示截止期限是什麼時候。

沒有明確標示折扣截止期限的網站

例如，某個家電廠商的網站，在銷售頁面上標示著「只有現在，購買 QLED 電視最多可享 35,000 日圓的折扣優惠」，卻沒有明確標示這個折扣的截止期限。問題是這個訊息在網站上至少已經刊登了數個月以上。

以社會普遍的認知來說，折扣是指「僅在特定期間提供特別優惠價格」。然而這個網站的情況，極有可能並沒有實際的折扣活動，只是表演性質而已。

如果訊息內容是虛假的當然會違反「商品標示法」，但只要會導致使用者誤解，也可能違反該法。

濫用「急迫性」對商業信譽造成的影響

經驗豐富的撰稿人在使用急迫性訊息時會非常謹慎。雖然急迫性訊息可以有效提高轉換率，但過度使用的話，長期來說可能會損害其效果，對品牌造成不良影響。

以下這些是來自某個網域入口網站的電子郵件，他們以過度頻繁的節奏發送網域折扣通知和更新期限提醒。而且幾乎所有郵件主旨都會給使用者帶來急迫感。

☐ ☆ ▓▓	收件匣	【到今天23:59】.com域名減價650日圓	6:21
☐ ☆ ▓▓	收件匣	【今天23:59截止】.com域名降價到550日圓	8:30
☐ ☆ ▓▓	收件匣	剩下兩天　您申請[▓▓▓.link]域名了嗎？[▓▓]	9:04
☐ ☆ ▓▓	收件匣	【！】擁有接近作廢的域名[▓▓ 租借伺服器]	11:03
☐ ☆ ▓▓	收件匣	【48小時限定價格】[.net/.mobi/.pw]等域名從「99日圓」[▓▓]	12:34
☐ ☆ ▓▓	收件匣	趕快！.jp域名競標今天晚上7點結束！▓▓▓▓▓	15:53
☐ ☆ ▓▓	收件匣	【馬上截止】超受歡迎的「.com/.net/.site」從「99」日圓 [▓▓]	17:04

如果濫用急迫性訊息，遇到真正重要的場合時，使用者就不會再給予關注。最後會產生「**放羊的孩子效應**」，人們會開始輕視、忽略或厭惡這些語言。

3

暗黑模式的種類

Misdirection
（誤導）

「如果你希望觀眾看到某個東西，那麼你必須自己先看見它。」

——魔術師　約翰·雷姆賽（*John Ramsay*）

在暗黑模式之中，有些手法是透過吸引或轉移使用者的注意力，引導他們轉向特定選擇。在這個章節中，我們將仔細說明逆向操作使用者認知特性的介面，也就是 **Misdirection**（誤導）。

● 羞辱性確認（Confirmshaming）

● 視覺干擾（Visual Interference）

● 陷阱問題（Trick Questions）

● 誘餌式標題（Clickbait）

羞辱性確認（Confirmshaming）

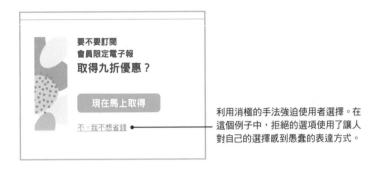

要不要訂閱
會員限定電子報
取得九折優惠？

現在馬上取得

不，我不想省錢

利用消極的手法強迫使用者選擇。在
這個例子中，拒絕的選項使用了讓人
對自己的選擇感到愚蠢的表達方式。

玩弄使用者感情的暗黑模式

「**羞辱性確認**（灌輸羞恥心）」這種暗黑模式是針對使用者的感情進行訴求，使其難以拒絕優惠。在電子郵件行銷蓬勃發展的2010年代，羞辱性確認作為一種技巧在英語國家迅速流行，用於獲取使用者同意訂閱電子報。

羞辱性確認的特點是讓使用者感到羞恥或罪惡（愧疚）。

當企業需要使用者做出某些選擇時，通常會提供簡單的二選一，例如「是」或「否」。然而，羞辱性確認在拒絕的選項中只會使用偏頗的措辭，例如「不，我不想省錢」、「不，我對健康管理沒興趣」之類的。這些都是會讓使用者對自己的決策失去自信的表達方式。

某個安全軟體要求使用者更新合約方案時，在彈出式視窗使用了羞辱性確認的手法。他們將使用者與負面自我形象結合起來，讓使用者認為沒有按照他們的建議去行動是愚蠢的行為。

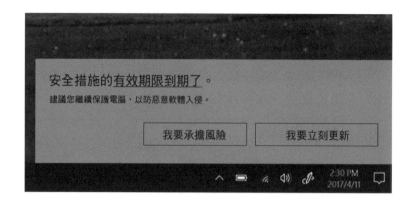

使用羞辱性確認的時機，是當使用者試圖採取企業不希望的行為時。其挽留方式非常多樣化，例如在停止發送電子報的頁面上寫著「告別令人寂寞！」，或是在取消訂閱頁面上刊登哭泣的人物、動畫角色，或是表情哀傷的貓咪圖案。它們的共通點是，這些對使用者來說都不是正面的體驗。

刪除帳號 ⊗

對不起，我……做了什麼嗎？
欸……請不要離開……

請告訴我們退會的原因。為了提供更好的服務，如果有我們能做的事情，請一定要告訴我們！您的意見對我們來說非常珍貴。

謝謝您試用我們的產品！

為什麼？！您要退出會員嗎了？？

| 返回管理頁面 | 刪除帳號 |

當使用者試圖刪除帳號時，企業就會訴諸罪惡感來挽留他們。

羞辱性確認常在以下情況使用：

● 使用者在不做任何操作的情況下，試圖離開網站時

● 使用者試圖停止訂閱電子報時

● 使用者試圖取消服務（訂閱）時

● 使用者試圖拒絕領取贈品時

● 使用者試圖刪除軟體時

透過框架效應進行印象操作

裝飾一幅畫作時，根據使用的畫框，畫作給人的印象就會大不相同。同樣地，我們發送的訊息也會根據傳達方式和措辭，讓接收者產生不同的印象。這就是所謂的「**框架效應**」，而羞辱性確認則是將對自己（企業）不利的選項，塑造成對使用者來說是錯誤的選擇。

以「博取同情」來阻止解約的方式，無法解決使用者離開服務的根本原因。

羞辱性確認的副作用

使用羞辱性確認的企業，其目的當然是提高轉換率。在 Chapter 1 介紹的路古禮和史特拉海列維茲進行的實驗顯示，使用羞辱性確認的介面，比未使用的介面高出約 33% 的同意率。

之所以有人支持羞辱性確認的手法，是因為他們相信這種方法實際上會產生效果。

然而，僅從 A/B 測試獲得的數據，無法掌握其背後對品牌的影響。

Nielsen Norman Group 的凱特·莫蘭（Kate Moran）和金·佛萊赫提（Kim Flaherty）針對羞辱性確認進行了調查，他們在文章「Stop Shaming Your Users for Micro Conversions」中指出：

> 「這裡隱藏著一種權衡取捨。這種方法很難透過 A/B 測試來量化，而且會對使用者體驗產生不良影響。微小轉化率提高所帶來的短期利益，是以看輕使用者為代價，但長期來說極有可能造成損失。」

出處：「Stop Shaming Your Users for Micro Conversions」
　　　https://u-site.jp/alertbox/shaming-users

對使用者的侮辱會引發相對的反應

位於新澤西州的咖啡機銷售公司 Majesty Coffee 於勞動節折扣期間，在網購平台的彈出式視窗關閉按鈕上標示了以下文字：

「不，錯過優惠資訊也沒關係。」

結果這個促銷活動在收益方面達到預期的成果，卻犧牲了品牌忠誠度。顯示顧客對品牌的喜愛和信任度的「淨推薦值（Net Promoter Score）」降低了 20％以上。

2020 年，瑞典詠學平大學的埃克羅斯・林（Ekroth Lin）進行了一項使用者調查，結果顯示大多數遭受羞辱性確認的使用者，對使用該策略的企業抱持否定態度，認為他們「欠缺職業意識，過於拼命推銷產品」。

從調查中也能得知，當使用者遭受羞辱性確認時，他們大多會感到「驚訝」或「愚蠢」，而不會引起足以改變人們想法的強烈「羞恥心」或「罪惡感」。這與企業使用羞辱性確認的目的互相矛盾。

Nielsen Norman Group 的莫蘭和佛萊赫提也分析了羞辱性確認發揮作用的原因，他們認為這並不是要讓使用者出糗，而是為了讓「使用者在做出決策前先停下來好好思考」。如果這個分析是正確的，那就不需要特地讓使用者感到不愉快，或是使用欠缺同理心的語言。尊重顧客的重要性在面對面的溝通中也是一樣的。

視覺干擾（Visual Interference）

本網站使用Cookie

本網站為了提供適當資訊而使用Cookie。這些資訊將用於提供符合顧客興趣的內容、顯示廣告訊息，以及進行內部分析。

拒絕　　　接受所有Cookie

這是告知使用者該網站使用了Cookie的彈出式視窗。設計時在視覺上強調同意按鈕，同時將拒絕按鈕設計成不顯眼的樣式。

紅色按鈕還是綠色按鈕？

在網路行銷行業中，「哪個顏色的按鈕能夠獲得最多點擊次數？」這個問題長期以來一直是爭議話題。

現在立刻購買　VS.　現在立刻購買

左邊：紅色，右邊：綠色

大家似乎有各種不同的看法，例如，從心理學方法來看，有人的結論是「綠色按鈕會帶來安心感，所以更容易被點擊」，也有人主張「能提高購買意願的紅色按鈕比較好。」

然而，比較企業嘗試驗證過的 A/B 測試數據後，結果似乎各不相同。有些案例顯示紅色按鈕具有較高的轉換率，而有些案例則顯示綠色或橘色按鈕具有較高的轉換率。

這些事實意味著問題的前提存在錯誤。換句話說,「普遍容易被點擊的按鈕顏色」並不存在。

按鈕顏色的最大作用,是要讓使用者知道它的存在。如同我們將藍色按鈕放在藍色背景上,使用者就會找不到按鈕一樣,根據網站使用的主題顏色,容易找到的按鈕顏色也會跟著改變。當使用者找到按鈕後,他們會閱讀按鈕上的文字(Microcopy),並意識到自己可以採取的行為或選擇。

對比的力量

色彩對比是我們從網站尋找資訊的視覺線索。色彩對比是指顏色之間的強烈區別,是由不同顏色之間的色相(色調、色澤)、明度(明亮的、暗淡的)和彩度(鮮豔度)的對比所產生的。

美國服飾品牌 Eastpak 的網站為了引起使用者的注意,採用了高對比度的 CTA(Call To Action,行動呼籲)按鈕,結果轉換率提高了 12%。此外,研究還發現與幽靈按鈕(只有邊框,無填充顏色的按鈕)相比,高對比度的按鈕點擊率高出 8%。

BEFORE

AFTER
CVR +12%

BEFORE

AFTER
CTR +8%

「根據 *Nielsen Norman Group* 的調查，所謂的『幽靈按鈕』會讓使用者完成任務所需的時間增加 *22%*。這是因為它們作為『意符（提示使用者可行操作的線索）』的功能較弱。」

——*Google Optimize Resource Hub*

如果使用對比度較低的按鈕，除了會降低視認性，還會對使用者的操作性產生負面影響。

利用視覺設計欺騙使用者的視覺干擾

請看下圖。或許你能準確地猜出你閱讀圖中文字的順序。這是因為我們具有認知特性，傾向於先看大的或顯眼的東西。

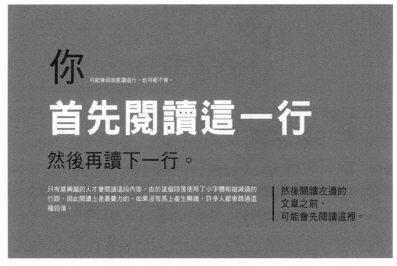

出處：根據「Understanding Visual Hierarchy Helps Your Customers Understand You」製作（https://www.appletoncreative.com/blog/understanding-visual-hierarchy-helps-your-customers-understand-you/）

「視覺干擾」是指利用色彩、文字大小、版型等視覺要素，誤導使用者進行特定選擇，或是讓使用者遠離某些選擇的暗黑模式。例如，在某個網站的解約頁面上，雖然利用顏色或大拇指圖示來強調取消按鈕，但最重要的解約按鈕卻設計成反灰（實際上是可以按下去的），給人一種按鈕無法使用或無效的印象。

其他原因

☐ 不記得有這個合約
☐ 弄錯註冊手續

👍 放棄進行解約手續　　　　同意上述內容並進行解約手續

在無法挽救的破壞性行為（例如數據初始化）中，強調取消按鈕有助於防止使用者出現操作錯誤的情況。然而，依賴顏色的設計對色盲人士而言是很難區分的。在對使用者造成重大影響的選擇場景中，可以設置確認步驟來防止操作錯誤，比方說將解約分成兩階段流程（例如輸入「DELETE」後再按下解約按鈕）。此外，為了不要限制使用者的選擇，也不可以隱藏另一個選項，或是弱化視覺提示。

逆向操作使用者認知的彈出式視窗

視覺干擾的暗黑模式是為了誤導使用者而設計的。例如，視覺重心（視覺權重）或位置的配置，也會對使用者的行為產生重大影響。

在某個取得網域的網站上，當使用者試圖離開網域合約更新畫面時，每次都會顯示彈出式視窗。然而在這種情況下，因為視覺重心是放在「返回更新畫面」按鈕上，導致使用者會不小心選擇該按鈕，又再次被導回原本的頁面。

您是否忘記更新網域？

一旦域名失效，要取回將非常困難。

此外，到期的網域被專門從事重新獲取網域的業者盜用，導致品牌形象受損的情況也急速增加中。

我們建議您確認您持有的網域有效期限，並盡早更新。

【離開之前，請確認優惠贈品！！】
如果在更新網域時同時進行申請，您最多可以免費使用一個月的Microsoft 365。這是在您所有設備上開始使用Office（Excel、Word、PowerPoint）的機會。

離開更新畫面　　**返回更新畫面**

此外，按鈕的排列順序也失去一致性。在這個網站中，先前一直將動作按鈕顯示在右側，取消按鈕顯示在左側，但是在彈出式視窗中，這個規則卻被打破了，按鈕顯示的位置是相反的。

這是逆向操作使用者熟悉的操作規則＊。在一些手機遊戲中，由於課金畫面和正常遊戲畫面上的「是」和「否」的按鈕位置相反，所以也會發生使用者搞錯而不小心儲值的情況。

「絕對不能忘記的是，如果設計出違反慣例的東西，就會增加使用者的認知負荷。因此，打破慣例應該只限於絕對必要的任務，或是提高效率的情況下。一般情況下，保持一致性並滿足使用者的期待，比打破慣例更有價值。」

——*UX 專家　瑞秋・克羅斯（Rachel Krause）*

出處：「保持一致性，以標準為依據（Usability Heuristic #4）」（https://u-site.jp/alertbox/consistency-and-standards）

　＊「OK」和「取消」按鈕的顯示順序根據各平台的準則來制定。

使用視覺干擾的各種詭計

其中有些廣告設計得更加巧妙。例如，在圖片❶的彈出式視窗廣告中，由於黑色「×」按鈕被隱藏在女性的黑髮中，因此使用者會感到困惑，不知道如何關閉廣告。圖片❷和❸是手機上的廣告，會在智慧型手機螢幕上顯示頭髮或假裝有汙垢。這些都是企圖引導使用者點擊廣告。

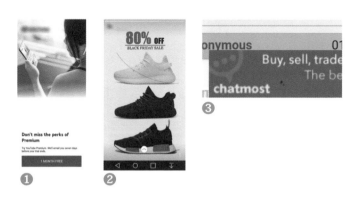

根據普渡大學研究所 UXP2 統整的暗黑模式分類，視覺干擾早在數位化出現之前就被使用了。

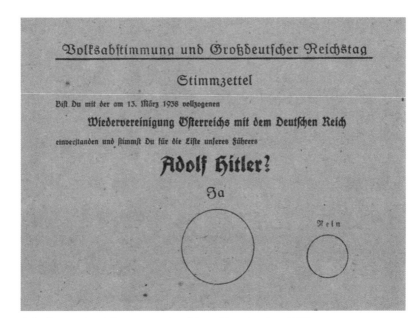

出處：「National Socialist Germany: Anschluss of Austria Ballot - UXP2」
（https://darkpatterns.uxp2.com/pattern/national-socialist-germany-anschluss-of-austria-ballot/）

1938 年在奧地利使用的選票上，選項「是」印著大圓圈，選項「否」則印著小圓圈。此外，在此還使用了一種名為陷阱問題（稍後將說明）的暗黑模式，選票上寫著以下內容：

「你同意 1938 年 3 月 13 日頒布的德意志帝國和奧地利重新統一的法案嗎？你會投票給領袖阿道夫‧希特勒（Adolf Hitler）所領導的政黨嗎？」

沒錯，為了集結支持希特勒政黨的選票，他們將兩個問題合併在一起。

偽裝廣告

「**偽裝廣告**（Disguised Ad）」是指將廣告偽裝成其他內容或導航按鈕，以避免被揭穿是廣告的手法。這種廣告經常出現在主要收益來自展示廣告的網站上，例如免費軟體或圖片素材下載網站。使用者為了取得目標內容而按下下載按鈕，但實際上該按鈕是廣告，使用者可能會被引導到不相干的網站，或是被迫下載惡意軟體。

出處：「Dark Patterns in User Experience」（https://isadoradigitalagency.com/insights/dark-patterns-user-experience）

這種欺騙性網路廣告的增加，也導致使用者對廣告本身產生更多的反感。

近年來，安裝廣告封鎖軟體的使用者正在增加中，根據社群媒體管理系統 Hootsuite 的調查，全球網路使用者中有 42.7％的人使用了廣告封鎖軟體（代表性軟體之一的「AdBlock」目前約有6,500 萬名使用者）。

當然，廣告封鎖軟體的使用者增加，對廣告主和網站經營者而言都不是理想情況。

2016 年，Wired.com 宣布封鎖所有使用廣告攔截工具的訪客。由於當時 Wired.com 的所有流量中，大約有 20％是來自廣告攔截工具的使用者，因此對網站的廣告收入造成負面影響。Wired 向使用者提出兩個選擇，一個是將 Wired.com 網域添加到廣告攔截工具的白名單中，另一個則是訂閱每週 1 美元的方案，就能以無廣告方式完全訪問網站內容。這是因為網站營運需要收入。

然而實際上，能理解免費線上內容是透過廣告費用來維持的使用者只是少數。不僅如此，許多使用者認為排除礙眼的廣告是一件好事。近年來，廣告攔截工具的使用人數增加，可以說清楚顯示了使用者對廣告的厭惡感。

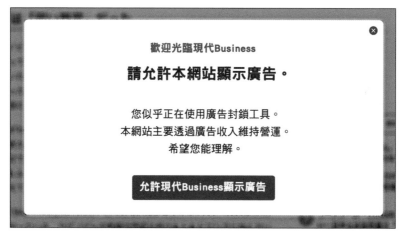

要求解除廣告封鎖工具的媒體網站也越來越多。

出處：現代 Business（https://gendai.ismedia.jp/）

2020 年 1 月，Google 首次引入的廣告顯示方式受到大家的關注。因為在搜尋結果中，顯示的廣告被改成看起來不像廣告的設計。

Before

TheTieBar Pocket Squares | Well-Made, Wallet Friendly | TheTieBar.com
Ad www.thetiebar.com/ ▼
A celebrity secret for years. Fine mens accessories don't have to cost a fortune. The Look Without the Cost. Exclusive In-House Design. No Compromise Quality. Customers are #1 Priority. Compare to Premium Brands. We're Always Here to Help. Save by Buying Direct. Seen in GQ, NYT, Forbes.

After

Ad · www.thetiebar.com/ ▼
The Tie Bar - Official Site | Shop Formal & Casual Shirts
Refresh Your Wardrobe Without Breaking **The** Bank with Men's Shirts, **Ties**, and Accessories.
The Addition Of Casual Shirts Means We've Got You Covered For Every Day That Ends In "Y." No Hassle Style Combos. **The** Look Without **The** Cost.

出處：「Fixing Dark Patterns: making Google search ads visible again」（https://uxdesign.cc/ fixing-dark-patterns-making-google-search-ads-visible-again-47aecfb5d2ca）

Google 大部分的收益（80％以上）是透過廣告維持的。當搜尋使用者點擊廣告後，Google 就會有收入，所以如果能讓廣告看起來像是自然搜尋結果，就能獲得更多收益。根據 PPC 廣告代理商 NordicClick 公司的獨家調查，透過這個規範變更，Google 的廣告點擊率（CTR）應該會上升至 4% 到 10.5% 之間。之後 Google 受到使用者和媒體的批評，便表示「這次尊重使用者的意見，取消了實驗」，並撤回這個規範。

Google 在創業初期就以「不作惡（Don't be evil）」這個宗旨作為他們的行為規範（雖然是非正式的），但近年來以此為例

來批評他們的情況也越來越多。觀察國外 SEO 網站「Search Engine Land」製作的設計年表，就可以知道過去 15 年中 Google 廣告發生了多大的變化，而且廣告和內容的界線變得多麼模糊。

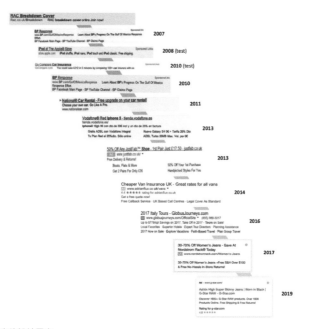

Google 廣告的設計歷史。

出處：「Updated (again): A visual history of Google ad labeling in search results」
（https://www.leadbuildermarketing.com/search-ad-labeling-history-google-bing-254332/）

MEMO 廣告視盲

廣告視盲是指使用者在不知不覺中忽略廣告橫幅或看似廣告的內容的現象。在 90 年代後期，就已經透過幾個易用性測試確認了此現象的存在。

搜尋引擎廣告（搜尋連動式廣告）在 2000 年代初期問世，當時純文字廣告還很罕見，而且因為與使用者的興趣相關，所以大眾認為短期內會持續發揮作用。然而，過了將近 20 年之後，搜尋引擎廣告對使用者而言已是理所當然的存在，逐漸開始變得礙眼。在 2018 年進行的眼球追蹤調查中，更顯示了瀏覽 Google 搜尋結果頁面的使用者，往往會無意識地跳過搜尋廣告的區域。

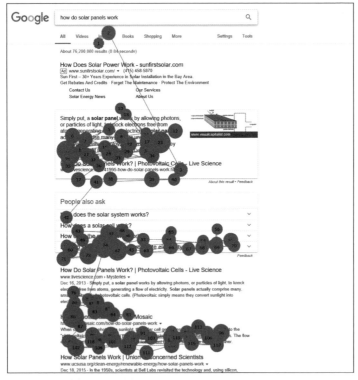

出處：「Banner Blindness Revisited: Users Dodge Ads on Mobile and Desktop」
（https://www.nngroup.com/articles/banner-blindness-old-and-new-findings/）

Google在這次更新中，對搜尋結果頁面進行了更改，加入了Favicon（網頁圖示）[＊]，這可能是因應廣告視盲的對策。使用者如果習慣了新型搜尋結果頁面，就會漸漸忽視Favicon，並略過標記為「Ad」的廣告標籤。這樣一來，使用者就更有可能點擊廣告，進而為Google帶來收益。

＊ 在網路瀏覽器的書籤（我的最愛）功能中顯示的網站圖示。「favorite icon」的縮寫。

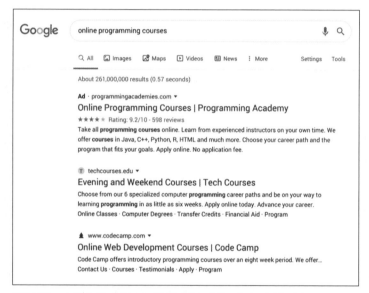

出處：「Google Rolls Back Change Making Search Results Look Like Ads」
（https://www.bleepingcomputer.com/news/google/google-rolls-back-change-making-search-results-look-like-ads/）

「以轉換為首要目標」的方法所達到的結果

在2012年的美國總統選舉中，時任總統巴拉克‧歐巴馬（Barack Obama）成功連任的關鍵，毫無疑問是來自於IT部門的貢獻。當時，歐巴馬陣營的IT部門致力獲取電子報讀者，

作為網路策略的一部分，並配合當時開始使用的大數據應用，進行了比以往更大規模的 A/B 測試。

然而，以轉換為首要目標的方法會打造出容易產生暗黑模式的環境。在他們嘗試過的 A/B 測試中，也包含了用於降低電子報取消率的測試模式，其中多數模式使用了視覺干擾。

測試模式	收件者	取消數量	取消率
This email was sent to: bwonch@barackobama.com Update address | Unsubscribe	578,994	195	0.018%
This email was sent to: bwonch@barackobama.com Update your email address here. If you'd like to unsubscribe from these messages, click here. Click here to contact the campaign with any questions or concerns.	578,814	79	0.014%
This email was sent to: bwonch@barackobama.com Update address | Unsubscribe | Contact us	578,620	86	0.015%
This email was sent to: bwonch@barackobama.com Update your email address here. If you'd like to receive less email or to unsubscribe from these messages, click here. Click here to contact the campaign with any questions or concerns.	580,507	115	0.020%

將電子報的取消訂閱連結從「Unsubscribe」改成「here」，或是增加頁腳的文字數量，讓連結更難找到。

出處：「Email Optimization: A discussion about how A/B testing generated $500 million in donations」（https://www.slideshare.net/marketingsherpa/obama-campaign-email-marketing-slide-share1/21）

根據美國市場調查公司 Marketing Sherpa 公布的數據顯示，在這個 A/B 測試中，最有效的測試模式與對照組模式相較之下，取消訂閱電子報的數量可以減少到 1/2 以下。

唐納・川普（Donald Trump）的捐款網站

2021 年 4 月 3 日，《紐約時報》發布了一篇文章「川普如何引導支持者在不知情的情況下捐款？」。當時，川普陣營經營的競選網站與支持者之間產生糾紛。這個競選網站的目的是為川普籌措政治資金，支持者可以隨時透過該網站進行捐款。

然而，這個捐款網站存在著一個嚴重問題。由於「定期捐贈」的核取方塊被預設為勾選，因此未注意到此事的支持者的帳戶，每週都會被自動扣款。

☑ **Make this a monthly recurring donation**

2020 年 3 月，一開始使用的「每月定期捐款」的核取方塊

而在下一個畫面中，有關定期捐款的資訊是以小字加在粗體字強調的文章下方。此外，核取方塊位於句首，看起來像是打勾的項目符號，因此不仔細閱讀的話就會很容易忽略。

添加第二個按鈕（通稱「金錢炸彈（Money bomb）」手法）後，捐款金額會自動翻倍。

後來信用卡公司收到大量支持者要求退款的意見。

根據《紐約時報》的報導，川普的支持者中也有一些高齡癌症患者，而且每個月生活費不到 1,000 美元。當這些人捐贈僅有的 500 美元後，下週開始每週都會被扣款 500 美元，再加上其他額外捐款，在短短 30 天內總共被扣款了 3,000 美元。最後他們的帳戶餘額用盡，銀行帳戶遭到凍結，無法支付房租、電費和瓦斯費。

川普陣營這種欺騙行為也讓他的狂熱支持者感到灰心。最後，川普和共和黨光是 2020 年就退還了超過大約 1 億 2,270 萬美元的款項。這比拜登陣營在同年退還的金額高出五倍以上。

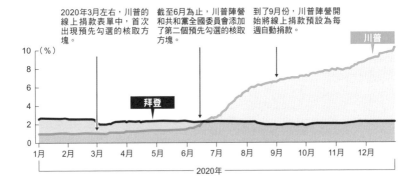

2020年　退還給川普捐贈者的款項是如何遞增的？
退還金額是按照各個陣營迄今收到的捐款金額的比例（％）顯示

2020年3月左右，川普的線上捐款表單中，首次出現預先勾選的核取方塊。

截至6月為止，川普陣營和共和黨全國委員會添加了第二個預先勾選的核取方塊。

到了9月份，川普陣營開始將線上捐款預設為每週自動捐款。

2020年線上退款的總金額

（單位：百萬）

川普 $122

拜登 $21

出處：「How Trump Steered Supporters Into Unwitting Donations」
（https://www.nytimes.com/2021/04/03/us/politics/trump-donations.html）

「如果想要隱藏一棵樹，最好的地方就是在森林裡」文字牆

「使用者不會閱讀整個頁面，而是瀏覽頁面。」

——*UX* 顧問　史蒂夫・克魯格

無論是怎樣的書迷，都不可能閱讀細節這麼多的文章——2019年 2 月，佛羅里達的旅行保險公司 Squaremouth 進行了一項獨特活動。他們在寄送給顧客的旅行保險合約中，暗藏了以下訊息：

「如果您已經看到這裡的話，那麼您很可能是本公司顧客中少數閱讀合約內容的人。我們將贈送獎金給最先聯繫此郵件地址的人（xxxxx@squaremouth.com）。」

Squaremouth 根據超過 15 年的業務經驗，發現許多旅行者即便購買了海外旅行保險，實際上卻沒有閱讀合約內容。於是，他們打算設計一個活動來傳達閱讀合約書的重要性。Squaremouth 的員工們發起了名為「Pays To Read（閱讀就有回報）」的比賽，並懸賞 1 萬美元的獎金，他們預計這個比賽至少一年都不會出現優勝者。

然而，寄送合約書給顧客後僅僅 23 個小時，比賽就輕鬆結束了。

他們收到一封郵件，寄件者是為了去佛羅里達旅行而購買保險的高中教師安德魯斯。她是公認的「合約書愛好者」。據說高中時代參加的測驗中出現了一個陷阱問題：「閱讀到此處的人請略過下一個問題」，此後她就對閱讀細節繁瑣的文章很感興趣。Squaremouth 對她表示讚揚，並支付 1 萬美元獎金給這位比賽優勝者。

使用者不會閱讀文章

像她這樣將合約書從頭到尾都讀完的人,在現實中有多少呢?實際上,我們不僅不讀合約書,甚至連喜愛的網站也只是瀏覽一下而已。

> 「分析結果顯示,如果是一般網頁,使用者在平均訪問中所閱讀的文字量最多也僅占整體的 28%。更實際一點的話,一般認為是 20% 左右。」　　——雅各布·尼爾森

出處:「使用者是多麼不愛閱讀文字」(https://u-site.jp/alertbox/20080506_percent-text-read)

2017 年,英國有超過 2 萬 2,000 人在未留意的情況下,同意了 Purple 公司的免費 Wi-Fi 使用規約,裡面包含了奇怪的合約條件,例如「擁抱流浪貓狗」、「親手清掃堵塞的下水道」、「在當地節日或活動期間清掃移動廁所」等等。

當然這也是 Purple 公司半開玩笑設計的活動企劃,但是在 2 萬 2,000 人當中,只有一個人注意到規約裡的這行文字:「如果您正在閱讀這篇文章,請與我們聯絡,我們將贈送獎金。」由於線上服務的使用規約也有大量文字,而且充斥著專業術語,因此實際上大多數人都未閱讀就同意了。

MEMO 閱讀網路使用條款(T&C)
需要花費一些時間

- 68 分鐘:閱讀 Fitbit 使用條款所需時間
- 78 個工作日:閱讀一整年所有遇到的隱私通知所需時間

● 14 萬 6,000 字：一週內遇到的網路使用條款字數

● 哈姆雷特：比 Paypal 的使用條款還短

● 馬克白：比 Apple iTunes 的使用條款還短

出處：「運用行動洞察提升線上市場的資訊揭露」（2018 ／ OECD 數位經濟文件 No.269）https://www.caa.go.jp/policies/policy/consumer_policy/ international_affairs/pdf/international_affairs_190628_0003.pdf

《日本經濟新聞》在文章「這個『同意』有效嗎？如何避免消費者反彈？」中指出，網路規約的同意手續已經流於形式，導致消費者感到「同意疲勞」。因為我們每天使用太多數位服務，所以無法知道自己同意了哪個服務的什麼規約。

> 「關於獲取使用者同意的課題，已經有不少人指出問題。雖然許多人並未仔細閱讀內容，但如果當中包含對使用者單方面不利的規定或預料外的內容，或是說明不足時，那麼形式上獲得的同意就極有可能變得毫無意義。（中間略）隨著企業數據使用的發展，其說明也變得更加複雜。此外，在各種服務中反覆進行類似的同意手續時，也開始出現人們在不理解的情況下選擇同意的『同意疲勞』問題。」

—— 《日本經濟新聞》 電子版 2019 年 10 月 9 日

為了保護消費者和企業雙方，確認同意的步驟會增加，法律文件內容也會變得更加複雜，這在某種程度上也是無法避免的。然而即使如此，為了避免任何人都不閱讀的情況，企業也應該努力讓使用者理解資訊。

巧妙傳達難以閱讀的條約內容

那麼，對於現實中難以閱讀全文的長篇文件，要如何讓網站使用者盡可能理解呢？在此將舉例說明一些企業正在努力解決的事例，提供「摘要版（總結版）內容」給大家參考。

由於使用規約和隱私權政策這種重要文件每個字都很重要，因此不能隨意縮短或是改變措辭。但是可以在原文旁邊添加摘要版本，來促進使用者理解。

讓我們來看一下由波蘭遊戲開發公司 CD Projekt RED 製作的《電馭叛客 2077》的官方網站吧。

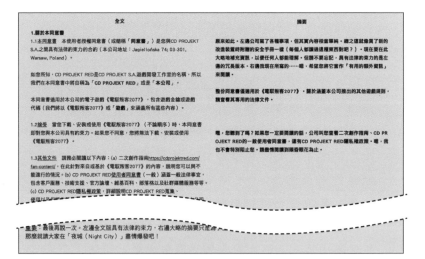

出處：「《電馭叛客 2077》– 終端使用者授權同意書」
（https://www.cyberpunk.net/ja/user-agreement/）

在超過 2 萬字的使用者授權同意書頁面上，左邊是完整全文，右邊則利用遊戲中的角色語調，以容易理解（偶爾會穿插幽默感）的方式傳達複雜的使用規約內容。

Monzo 是一家以英國為據點的線上銀行新創公司。Monzo 的使用規約頁面提供了全文朗讀的錄音，以便提高資訊的易讀性，此外還有效地使用了表情符號，沒有法律文件常見的拘謹感。

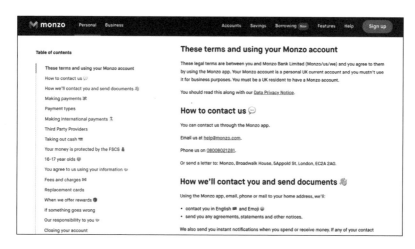

出處：Monzo 官方網站（https://monzo.com/）

讓每個句子盡量簡短

製作摘要版時，要讓每個句子盡量簡短。在日語中，很多人認為最容易閱讀的行長是每行 20 ～ 30 個字。

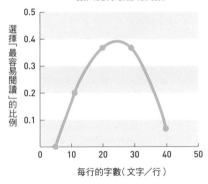

每行20 ～ 30個字
讓人覺得最容易閱讀

選擇「最容易閱讀」的比例

每行的字數（文字／行）

出處：「基於日語閱讀者的閱讀速度和眼球運動的行長依存性，研究最適當的行長」
（小林潤平、關口隆、新堀英二、川嶋稔夫／2016年電子情報通信學會論文誌）

MEMO 將使用者任務中斷的情形最小化

關於視覺干擾，在此也想提及行銷中對使用者常用的「**糾纏不休**（Nagging）」方法。

手機應用程式的推送通知就是其代表例子。如果推送通知的頻率過高，或是時機不恰當，就會讓使用者無法專注在原本的任務上，導致產品的使用體驗變差。

曾任職 Dropbox 的 UX 寫作者約翰・佐藤（John Saito）如此表示：

「內部可能必須將『通知』這個詞彙改為『妨礙』。這樣一來，我們就會更加注意通知的內容。」（筆者譯）

出處：「Stop the spammy notifications!」（https://uxdesign.cc/stop-the-spammy-notifications-9fbac87dc077）

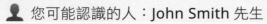

並非所有通知都是受歡迎的。只有使用者允許的資訊才能發送通知。

不要使用「待會」來代替「不」。但如果對產品功能而言是必要的
（例如安全更新）、有法律限制，或是緊急情況則除外。

不應該使用推送型（Push）*通知的情況

● 交叉推廣、與應用程式無關的商品宣傳

● 使用者未曾開啟過的應用程式

● 提醒使用者已有一段時間未使用該程式的通知

　　例：「昨天不是說『明天一定要跑步』嗎？」（跑步應
　　用程式）

　　「每天都會學習對吧？」（英語學習應用程式）

● 節日或生日的問候

　　例：「新年快樂！」（網購應用程式）

- 請求使用者評價應用程式

  （催促使用者在未打開／使用應用程式時進行評論）

- 不需要使用者參與的操作，例如數據同步

- 應用程式可能在使用者未操作的情況下自行恢復的錯誤狀態

  ＊ 智慧型手機的新聞發送等服務，是由發送者在適當時機提供的服務。使用者是被動接收資訊。相反地，使用者主動取得資訊的情況則稱為「拉取型（Pull）」服務。

出處：「Google Material Design - Android notifications」（https://material.io/design/platform-guidance/android-notifications.html）

陷阱問題（Trick Questions）

| 運費 | 550日圓 |
| 合計（含稅） | 7,550日圓 |

確認預訂

活動、折扣訊息的通知郵件
☑ 我不想訂閱電子報
（如果不想訂閱，請取消勾選）

核取方塊旁邊的句子容易讓人混淆。乍看之下是「不想訂閱」電子報的狀態，但讀到最後的話，就會發現是完全相反的意思。

利用容易混淆的詞彙攻擊使用者的弱點

「**陷阱問題**」是一種使用容易混淆的詞彙，引導使用者進行特定選擇的暗黑模式。

閱讀核取方塊旁邊的文字，或是規約的同意條款時，乍看之下會覺得是在暗示某件事情，但仔細閱讀的話，會發現可能是表示另一件事或是完全相反的事情。使用者厭惡提供個人資訊，或是被迫做出自己不想做的事情，所以企業會透過欺騙使用者的表達方式，試圖強迫使用者同意。

陷阱問題的暗黑模式會利用使用者快速瀏覽網頁的行為，來阻止他們選擇退出。

有鑑於這樣的背景，2021 年 3 月，加州消費者隱私保護法（CCPA）中加入了禁止「使用雙重否定等讓人混淆的表達方式」的條款。CCPA 禁止「設計方法或實質效果會誤導或阻礙消費者選擇退出的選項」，違反規定的企業將會收到糾正通知（企業必須在 30 天內進行糾正）。

請不要勾選您不想公開的資訊。

☑ 用戶名稱
☑ 年齡
☑ 血型

雙重否定的表達方式

取消月費制高級會員

如果繼續進行，您將會失去月費制高級會員的資格，這樣沒關係嗎？

繼續　　　　　　　取消

取消的取消
表示取消會員服務的「取消」和表示取消操作的「取消」
形成雙重否定的表達方式，會讓使用者感到混亂。

混合使用「選擇加入」和「選擇退出」

在下圖的表單中，混合了選擇加入和選擇退出方式的核取方塊。使用者可能會閱讀第一個核取方塊的內容，而在快速瀏覽第二個及之後的內容時慣性地進行勾選，因此應該避免使用這種設計模式（基本上不要使用讓否定句變成肯定句的核取方塊）。

這與面對面銷售中使用的技巧「Yes set 語法」相似。如果有兩個以上的核取方塊時，使用者在選擇「Yes、Yes、Yes」的過程中，會逐漸略過問題內容，並直接勾選選項。

MEMO 核取方塊的使用指南

- 選擇簡潔的表達方式
- 避免使用雙重否定等令人混淆的表達方式
- 核取方塊的文字要使用肯定句
- 使用一個核取方塊來獲得一個同意（不要讓人一次勾選多個同意）
- 勾選核取方塊表示「同意」，不勾選表示「不同意」（不要反轉意思）

● 不要在同一個表單中混合使用選擇加入和選擇退出方式
的核取方塊

當你試圖取得使用者的同意時，你的用語應該是不會造成疑慮，並掌握要領的表達方式。如果你想知道提問方式是否有問題，就試著大聲朗讀，你也可以讓螢幕閱讀器來朗讀。如果用耳朵聽起來不自然，那麼透過文章閱讀時也會覺得難以理解。請試著以你平常使用的口語詞彙向使用者說話吧。

誘餌式標題（Clickbait）

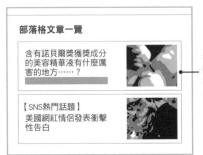

部落格文章一覽

含有諾貝爾獎獲獎成分的美容精華液有什麼厲害的地方……？

【SNS熱門話題】
美國網紅情侶發表衝擊性告白

這是誘導使用者點擊的煽情化部落格標題。然而實際上，有時文章內容會與標題不符（誇大），或是包含謊言。

「謊言、誇大、容易混淆」的代表性事物

「震撼的誘餌式標題廣告！想知道秘密的人現在就點擊」——
「**誘餌式標題**」是指在網站內容使用煽情化標題（或是會引起誤解的縮圖），來引誘使用者點擊連結的行為。因為使用故弄玄

虛的標題為誘餌來引導使用者點擊，漸漸地被稱為「誘餌式標題」。在日本則是被稱為「釣魚標題」（或是「縮圖詐騙」）。

只服用兩星期，腰圍就減少19cm？！罹患中年代謝症候群的大叔一定要看……

誘餌式標題的目的是要收集「更多點擊次數」，但是語言也是介面設計的一部分，因此誘餌式標題也屬於廣義的暗黑模式之一。

利用「資訊空白」來打造強大標題

「平均而言，閱讀標題的人數是閱讀正文的人數的 5 倍。」

——現代廣告教父　大衛・奧格威（David Ogilvy）

出處：《廣告教父的自白：奧美創辦人大衛・奧格威談行銷與人生》（大牌出版，2022 年）

如果你從事撰稿工作，你應該非常清楚標題的重要性。不論多麼努力撰寫內容，如果沒有透過標題引起讀者注意，內容就不會被讀者看見。郵件主旨、部落格文章標題、Facebook 廣告標題都具有決定整體內容價值的巨大力量。反過來說，只要能寫出強而有力的標題，就能吸引讀者注意，讓他們閱讀內容。

「那…那個吃法……」難以想像會存在這世界上的13張衝擊性照片

這些人讓人有點擔心……

👤 BuzzFeed Japan

因網購後悔得要死的10個人

咦？不能退貨嗎？

👤 Ajani Bazile

突然出現在這世界上的17種奇妙現象

幻覺的世界

👤 Shelby Heinrich

大型病毒行銷媒體 BuzzFeed Japan（https://www.buzzfeed.com/jp）經常使用「列表文章」，將特定主題以列表形式彙整出來。

在 1990 年代中期，行為經濟學家喬治‧羅文斯坦（George Loewenstein）提出了一個觀點，即我們的好奇心是對「資訊空白」做出的反應。根據他的主張，我們感到好奇是因為注意到「已知事物」和「想知道的事物」之間的知識空白區域。

如果觀察社群媒體上的動態消息，你就會注意到企業發布的內容大多巧妙地利用了「資訊空白」。例如，他們會向讀者提問，或是將標題設計成部分空白，這都是為了刺激我們的好奇心。

當有吸引力的標題變成誘餌式標題時

「人生就如同一盒巧克力，直到打開才會知道裡面是什麼。」

這是電影《阿甘正傳》中，主角阿甘的母親對兒子說的一句話。用來比喻人生無法預測，不知道會發生什麼事情。

然而，在內容的世界中又是怎樣呢？至少希望寫在包裝上的東西都會裝在盒子裡面。如果裡面是空的，或是放入瓶蓋或螺絲取代巧克力的話，任何人都會感到失望吧。然而，這種行為正是所謂的「誘餌式標題」。

誘餌式標題「期待值＞內容」

標題不是獨立的存在，必須與內容協調一致。即使在標題上加上類似廣告文案的「調味」，如果沒有配上重要的內容，就無法滿足使用者的期待。這個原則也適用於網頁中的連結文字、按鈕的Microcopy。

> 「連結就是一種承諾。無論這個承諾的大小，一旦違反承諾，就會慢慢失去信用與信賴。連結標籤中的語言是對連結頁面的強力暗示。因此連結頁面必須遵守錨點文字所承諾的內容。」
>
> ——*Nielsen Norman Group* 卡拉・佩爾尼斯（*Kara Pernice*）

出處：「連結是一種承諾」(https://u-site.jp/alertbox/link-promise)

適得其反的文案技巧

作為這個章節的總結，我要介紹一個經常用於郵件行銷的誘餌式標題例子。以前，我曾經收到一封完全沒有聯繫過的公司寄來的電子郵件，它的主旨如下：

寄件人	▆▆▆ 株式會社	< ▆▆▆▆▆▆▆ > ☆
收件地址（自己）	< ▆▆▆▆▆ > ★	
主旨	**Re: 我已經看過貴公司的網站**	

假裝成回信的郵件主旨，可能會被視為提高開信率的新穎構想。在我職涯早期也看過許多這種「文案技巧」。

例如，某間公司的郵件行銷負責人在介紹自家公司的內部銷售時，提到如果沒有收到潛在顧客的回信，他們就會在後續電子郵件的主旨開頭加上「Re:」，據說這樣回信率就會變成 2 倍。

然而，當我們稱呼某些東西為「技巧」時，卻因為經常沒有看到事物的本質而高估它們。

根據電子郵件行銷公司 Adestra 的說法，如果在郵件主旨使用「Re:」或「Fw:」，第一封郵件的開信率就會提高，但是第二封之後的開信率和郵件本文中的連結點擊率會低於平均水平。此外，因為這是欺騙讀者的正常結果，所以郵件退訂率也會急速上升。

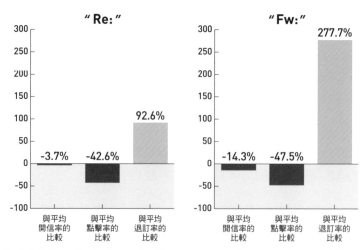

出處：參考「7 Tested Rules for Email Subject Lines – And When To Break Them」製作
（https://blog.mailup.com/2015/02/email-subject-lines-tested-rules/）

有些企業組織並不擔心這種情況，因為這些企業組織設定的「成功指標」本身就存在著偏見。在這種職場環境中，只要能夠達成業務目標（銷售額、轉換），即使採用多少有點強迫的做法，也會獲得好評。因此人們就會開始以倫理上有問題的方式使用語言或設計，或是處於容易以各種理由來合理化的環境中。

Social proof
（社會認同）

> 「如果是你說出來的，那就是行銷；但如果是顧客說出來的，那就是社會認同。」

> ——內容行銷者　安迪‧克雷斯托迪納（*Andy Crestodina*）

當我們要做出某些決策時，因為想要採取正確行為，所以經常會參考他人的行為。在這個章節中，我們將說明濫用 **Social proof**（社會認同）的暗黑模式，社會認同是一種深信他人的判斷比自己正確的心理效應。

● 虛假的活動訊息（**Fake Activity Message**）

● 來路不明的顧客意見（**Testimonials Of Uncertain Origin**）

虛假的活動訊息（**Fake Activity Message**）

國內飯店、住宿預訂

京都　料理旅館○△亭

現在有14位客人正在瀏覽這間旅館。

這是傳達其他網站使用者目前活動狀態的訊息。然而使用者並不知道這個資訊是否為事實？以及數字是怎樣導出來的？

社會認同的原理

美國社會心理學家羅伯特・席爾迪尼（Robert B. Cialdini）在其著作《影響力：讓人乖乖聽話的說服術》（久石文化，2011年）中，透過以下六種心理學方法，解釋了人們接受說服的機制。

這些都是銷售人員、募捐者、廣告主用來說服對方做出承諾的心理技巧，其中「**社會認同**」是最強大的心理誘因之一。社會認同是指不依靠自己的判斷，而是依靠他人的判斷來決定自己後續行為的心理。具體說明的話，就是當我們對判斷感到困惑時，往往會認為「大多數人做出的判斷才是正確的」。

> 「在特定情況下，採取某個行動的人越多，人們就越認為這是正確的行為。」
>
> ——社會心理學家　羅伯特・席爾迪尼

現在許多企業都將社會認同原理應用在行銷上。因為與其自己稱讚商品和服務的優點，讓立場與顧客相同的人（或是第三方）來談論其優點，更能增加訊息的說服力，進而促進購買。顧客的意見、應用程式的評論、5 星評價、服務的獲獎紀錄、安全認證徽章等等，都是以社會認同原理為基礎。

星級評價（評分）

★★★★☆ **5 星中的 4.2 分**

3,199 件的全球評價

5 顆星	54%
4 顆星	26%
3 顆星	11%
2 顆星	3%
1 顆星	6%

使用者評論

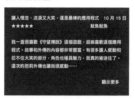

認證徽章

使用者數量（導入企業數量）

已獲得超過 6 億名使用者和 50 萬個團隊的信任
查看顧客體驗

獲獎紀錄（徽章）

推薦意見

❝ 使用 Asana 就能解決團隊的混亂狀況。也不需要詢問「最終活動是在星期二開始嗎？」這種問題。即使在最後一刻更改預定計畫，整個團隊也可以馬上掌握狀況，並清楚記錄更改內容。所有最新資訊都顯示在同一個地方，所以不需要等待會議或聊天來確認資訊。
—維基媒體基金會、全球資金周轉活動、高級經理 THEA SKAFF 先生

何謂從眾效應？

當你在初次造訪的城市尋找餐廳時，可能會覺得比起冷清的餐廳，排隊的餐廳「一定更好吃」。因為如果有許多人支持這家餐廳，應該就會有它的優點。最重要的是，比起胡亂找到店家進入，這樣做失敗機率似乎會比較低。像這種受到多數人支持的事物進一步獲得更多支持的現象，就稱為「**從眾效應**」。排隊隊伍會招來人群說的正是這種情況。

2008 年，英國一家飯店為了提高浴巾重複使用率，進行了一個實驗。在這個實驗中，他們在 190 間的客房門上掛上了不同訊息的門牌，調查哪種訊息最能有效提高住客浴巾重複使用率。

提高飯店浴巾重複使用率的實證試驗

PLEASE REUSE THE TOWELS	PLEASE REUSE THE TOWELS	PLEASE REUSE THE TOWELS
為了守護地球，重複使用毛巾吧。	大多數客人在住宿期間至少會重複使用一次毛巾。	目前為止，住在這個房間的大多數客人，在住宿期間至少會重複使用一次毛巾。
地球環境 35.1%	同一飯店 44.1%	同一房間 49.3%

出處：參考「A Room with a Viewpoint: Using Social Norms to Motivate Environmental Conservation in Hotels」製作（Noah J. Goldstein, Robert B. Cialdini, Vladas Griskevicius ／ 2008 年／ Journal of Consumer Research）

在為期 80 天的實驗中，得到了一個有趣的洞察結果。比起呼籲「保護地球環境」的訊息，針對住客設計的個性化訊息更能提高浴巾重複使用率。尤其是傳達「過去同一房間的住客行為」的訊息，最能有效提高浴巾重複使用率。因為我們傾向於模仿身邊他人的行為，來決定自己的行為。

別人的行為會對人們的決策產生影響，在網路上也同樣適用。查看飯店或機票預訂網站時，你可能看過「一小時前有人預訂

了！」這種訊息。這些被稱為「活動訊息」，它們顯示了網站使用者的購買、瀏覽、訪問狀態。

出處：Booking.com 官方網站（https://www.booking.com/）

活動訊息就是現實世界中在餐廳排隊的人潮，或是伸手拿折扣品的群眾。使用者看到這些訊息時，可能會擔心「是不是要賣光了？」，或是因為「許多人正在考慮（購買），所以這一定是好商品」而感到安心。

沒有根據的社會認同訊息

然而，似乎也有一些企業利用這個機會捏造訊息。他們所使用的是「**虛假的活動訊息**」。

2020 年，美國政治家麥克·彭博（Michael Bloomberg）在自己的競選網站顯示了虛假的活動訊息。他的目的似乎是要透過全美國有大量志願者申請加入的假象，來提高從眾效應。

然而，在普林斯頓大學研究暗黑模式的阿魯內什·馬瑟爾發現這些訊息完全是假的。他調查網頁原始碼後，發現裡面嵌入了一個能隨機顯示州名的 JavaScript。當馬瑟爾在 Twitter 上揭發彭博的不法行為後，這個消息迅速傳播開來，12 小時後該網站就刪除活動訊息了。

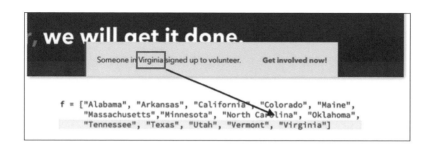

來路不明的顧客意見
（Testimonials Of Uncertain Origin）

這是會令人懷疑真實性的顧客意見。有些公司會故意採用難以理解的方式來表達例外的補充說明，例如「這只是個人感想，效果因人而異」。

讓虛構人物談論商品的優點

「**來路不明的顧客意見**」的暗黑模式會捏造顧客意見，以促使人們購買商品。因為某些原因無法獲得顧客同意刊登訊息，或是商品尚未販售沒有顧客意見時，就會使用這種方式。

為了提高可信度，有時候會使用臉部照片（圖庫相片），或看起來很像樣的頭銜，所以有些消費者會受騙。

深夜的水管問題……很慶幸找了他們！

深夜時廁所堵住，我不知道該怎麼辦才好，但他們馬上就來了，而且快速進行修理。他們非常細心處理問題，我相當滿意。如果又出現水管問題，我會再次求助！！

東京都　男性　50 歲左右　擔任管理職務

如果捏造評論，例如「買了真是太好了」、「我因為這個證照能開業了」，或是偽造醫師、知名大學畢業的講師的推薦意見，來宣傳商品或服務品質比實際更優秀，那就是虛假宣傳。

讓消費者誤以為自家商品比實際商品或其他競爭公司的商品更加優秀或便宜，就會違反「商品標示法」中的「優良誤認（譯註：讓消費者誤認為商品、服務內容比實際更好的不實廣告）」，或是「有利誤認（譯註：讓消費者誤認為商品、服務價格比實際更便宜的不實廣告）」的不當標示。

3

暗黑模式的種類

MEMO 由AI生成、虛構的人物臉部照片

近年來，利用 AI（人工智慧）技術，也出現了能輕易生成虛構人物臉部照片的服務。在國外網站 Generated Photos（https://generated.photos/）上，指定性別、年齡、心情、膚色、頭髮顏色、是否戴眼鏡等條件後，就能輕易生成不存在於現實中的人物臉部照片。

今後，這種臉部照片可能會被當作「真正顧客」來使用，或是濫用在詐騙或假新聞上。由於還存在倫理問題，所以未來需要討論如何處理 AI 生成的圖像。

「顧客意見」對業務的影響

隨著網路購物的普及，最大的變化之一可能是消費者有更多機會接觸其他顧客的體驗或意見。根據美國多項消費者追蹤調查，約 90 ～ 95％的消費者在購買商品前會閱讀評論。**評論已經是代替廣告的存在**。

我們能直覺地理解「如果評論好，銷售就會增加」的情況，但實際上它有多大的效果呢？

在 2016 年西北大學進行的調查「The value of online customer reviews」中，揭示了網路評論對銷售的影響。

評論數量對銷售的影響

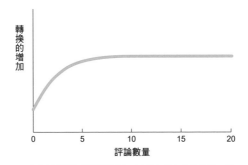

如果商品頁面顯示了評論，轉換率就會急遽上升。相較於沒有評論的商品，擁有 5 則評論的商品被購買的可能性增加了 270％。

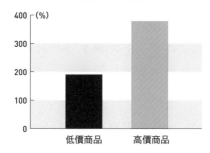

刊登評論後提高的轉換率

隨著商品價格變高，評論的重要性也隨之提高。在低價商品顯示評論後，轉換率增加了190％，高價商品的轉換率則是提高了380％。

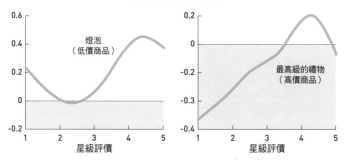

星級評價對購買率的影響

星級的「平均評價」也會影響商品的購買率。無論是便宜的燈泡還是昂貴的禮物，當星級評價為4.0～4.7顆之間時，顧客購買該商品的可能性會達到高峰，接近5.0顆後便開始下降（這是因為如果沒有負面評價，一些顧客會對該評價產生懷疑）。

出處：「The Value of Online Customer Reviews」（Georgios Askalidis, Edward C. Malthouse／2016年／Northwestern University）

評論具有重大的影響力，這是因為「社會認同原理」在此也發揮作用的緣故。當商品價格或性能大同小異，不知道該選哪一個才好時，每個人都會依賴他人的意見來選擇商品。

虛假評論對消費者購買行為的影響

然而，虛構的顧客意見也具有與真實顧客意見相同的影響力。近年來，變成社會問題的虛假評論即為代表例子。

如果彙整全球主要電子商務網站（例如 Tripadvisor、Yelp、TrustPilot、Amazon 等）的官方數字和自我報告的數據，可以得知在所有網路評論中，平均約有 4%是虛假評論。若將此換算為經濟效應，虛假評論對全球網路消費的直接影響約為 1,520 億美元（僅日本約為 64 億美元）。

2020 年 5 月，英國消費者團體經營的媒體「Which?」與調查諮詢公司合作，調查了虛假評論對消費者購買行為的影響。

在這個實驗中邀請了大約 1 萬名參與者，讓他們使用類似 Amazon 的虛擬購物網站，來驗證有虛假評論和沒有虛假評論的商品頁面，會對購買行為產生什麼影響。

結果顯示，即使是品質差的商品，例如 10 人中只有一個人會選擇的商品，也可以透過評論的操作，讓購買率最大增長到 135%。此外，即使為了避免參與者被虛假評論欺騙，而設置了提醒注意的橫幅，其抑制力也是有限的。

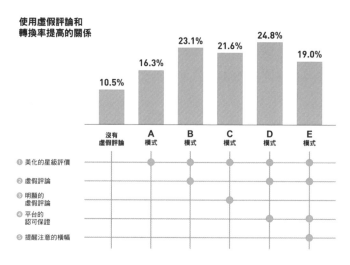

使用虛假評論和
轉換率提高的關係

出處：參考「The real impact of fake reviews」製作
　　　（Which?, The Behaviouralist ／ 2020 年／ which.co.uk ）

❶美化的星級評價

操作評分，以便提高平均星級評價。

❷虛假評論

留下善意內容的虛假評論。這種評論會重複使用誇張的描
述、類似的用語，而且評論者購買次數很少，如果是網路素
養高的消費者，也能辨別出虛假評論的要素。

❸明顯的虛假評論

雖然是出於善意的評論，但明顯可以看出是操作過的虛假評
論。有些評論者會自己承認是獲得報酬才來留下好評，有些
評論者則是直接盜用其他商品頁面的評論。

④**平台的認可保證（推薦）**

像「Amazon's Choice」一樣，加上平台的推薦標籤。

⑤**提醒注意的橫幅**

提醒使用者注意，藉此檢驗是否可以減輕虛假評論的影響。

在商品搜尋頁面和商品頁面上方顯示了提醒注意的橫幅。

 商品頁面可能會刊登與事實不符，或容易產生誤解的顧客評論，請特別小心。

避開虛假評論的秘訣：

- 確認評論內容（不能僅憑星數判斷）
- 注意可疑的措辭（例如沒有標點符號、使用奇怪的格式）
- 對評論數量異常多的商品要抱持懷疑態度
- 確認評論的日期（如果大多數評論是在同一天發表的，就要更加謹慎）
- 確認1星評論，尤其當它與5星評論的讚賞互相矛盾時，要特別注意。

辨識虛假評論的方法請參考這個頁面。

潛藏在虛假評論中的五個風險

虛假評論會對消費者的決策產生強烈影響。因此有些企業會將虛假評論作為擴大業務的手段，讓內外部人員寫下虛假評論。

然而，表面上強調顧客優先，但為了擴大業務甚至說謊也無所謂的雙重標準，會讓企業組織內部的人感到矛盾。一般而言，虛假評論的負面影響是會破壞品牌信任，但出乎意料的是，對組織內部造成的影響卻被忽視了。

對員工而言，無視社會規範會帶來巨大痛苦（內疚）。當然，他們對企業組織的不信任感也會逐漸累積。

● 失去品牌信任度

如果消費者發現了虛假評論，就不會再信任你的公司。根據大型諮詢公司 invesp 的調查顯示，54％的消費者察覺有虛假評論的嫌疑時，就不會購買該商品。

> 近年來，為了防範可疑賣家和不誠實的評論，使用免費評價檢查網站的使用者也越來越多。
>
> ● Fakespot（https://www.fakespot.com/）
>
> ● ReviewMeta（https://reviewmeta.com/ja）

● 在社群媒體上流傳的惡評／負面評價

當評論內容與商品實力相差甚大時，就會在社群媒體上引起惡評，或是增加負面評論。此外，隨著時間推移，真正的評論將受到支持（例：亞馬遜的「有用」按鈕或是樂天的「有參考價值」按鈕）。

● 高額罰款

因「不當標示」違反「商品標示法」時，就可能被處以罰款。因為罰款金額是針對發表虛假評論之日到刪除為止的所有銷售額（上限為 3 年），所以罰款可能會是巨大金額。

● 對購買者造成的實際傷害

在健康相關的商業領域（例如醫療、美容、營養補充品販售），或是財產相關的商業領域（例如律師、會計師、汽車修理廠等），虛假評論可能是導致消費者健康損害或金錢損失的原因。當然，在這種情況下，消費者可能會向商家索賠。

● 公司員工進行內部告發

2020 年，一名化妝品和健康食品大廠的員工向周刊雜誌揭發內情，指稱「公司內部存在鼓勵發布虛假評論的制度」。該員工公開了內部文件作為證據，例如公司提供金錢報酬，或是將此行為納入人事評估的標準等等。如果利用優越的地位進行指示或強迫情況，可能就會被員工揭發到社會上。

Scarcity
（稀缺性）

「缺乏的純潔反應會妨礙我們的思考能力。」

——社會心理學家　羅伯特·席爾迪尼

提高商品價值的最佳方法是傳達商品的稀缺性。然而，有些企業會使用虛假資訊，讓商品看起來很受歡迎或是缺貨。在這個章節中，我們將解説使用 **Scarcity**（稀缺性）的暗黑模式。

● 庫存稀少的訊息（Low-Stock Messages）

● 需求高漲的訊息（High-Demand Messages）

庫存稀少＆需求高漲的訊息
（Low-Stock Messages & High-Demand Messages）

這是讓人感到急迫的訊息。有些網站不會提供具體的庫存數量，而是過度煽動使用者的情緒，試圖藉此讓人購買商品。

越是稀缺的商品就越想要

我們會覺得難以入手的物品或服務具有更高的價值。就連購物節目的主持人也會像固定口號一樣大力宣傳：「庫存僅限〇〇個！」，節目結束時也會說出：「現在電話超級忙線中」，來傳達訂單爆滿的情況。

這種強調「稀缺性」的訴求會直接創造急迫感（急迫性），提高對方立即採取行動的可能性。網路星期一（Cyber Monday）和黑色星期五（Black Friday）的繁榮盛況，就是展示稀缺性行銷力量的典型例子。

證明稀缺性原理最著名的研究之一，就是社會心理學家史提芬·瓦謝爾（Steven Warshel）在 1975 年進行的餅乾實驗。

瓦謝爾將餅乾放進兩個相同的玻璃瓶中，一個瓶子放入 10 片餅乾，另一個瓶子放入 2 片餅乾。即使每個瓶子中的餅乾完全相同，但是拿到放有 2 片餅乾瓶子的人，對餅乾味道的評價比拿到放有 10 片餅乾瓶子的人更高。此外，告訴拿到 2 片餅乾的人：「其他人已經吃過了」，也會發現這些人對餅乾味道的評價比未被告知的人還要高。

換句話說，我們往往認為稀缺性高的物品更有價值，而對很受歡迎的物品或是其他人想要的物品，則會給出更高的評價。

社會心理學家羅伯特·席爾迪尼於 1984 年在著作中廣泛宣傳了「稀缺性原理」，而這個原理的高度說服力也在近年大數據分析中獲得印證。

英國大型電子商務支援公司 Qubit 分析了 1 億 2,000 萬筆購買紀錄，報告指出基於行為心理學的「稀缺性」、「社會認同」、「急迫性」的行銷策略，對「每位網站訪客的收益」做出了最大貢獻[*]。其中，以稀缺性為訴求的方法是最有效的，可以提高平

均 **2.9%** 的收益。這個方法在企業頻繁實施的 29 項改善轉換率的對策中，例如購物車棄車對策，或是更新頁面設計等等，是排名最高的。

＊「Getting 6% more - Key findings from a four-year study of 2 billion user journeys」（Qubit, PwC UK ／ 2017 年）

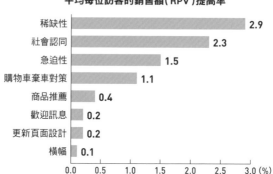

平均每位訪客的銷售額（RPV）提高率

損失規避法則

那麼，為什麼稀缺性會如此強大呢？原因就是在 Chapter 2 也介紹過的行為經濟學家丹尼爾‧康納曼所闡述的「**損失規避法則**」發揮了作用。

損失規避是指相較於從利益獲得的滿足，我們會更加看重同等金額的損失所帶來的痛苦，並試圖避免損失的心理。例如，根據康納曼的說法，失去一萬元的痛苦比獲得一萬元的喜悅更加強烈，其差距將近兩倍。稀缺性訊息是強調「如果現在不買的話，（在相同條件下）也無法入手」，藉此刺激人們失去購買機會的痛苦。

在數位行銷中常見的稀缺性訴求有以下三種類型。每一種的方法各不相同，但都是要推動使用者進行決策，促使他們付諸行動。

- 有限的時間和庫存：限時折扣和限量銷售會提高顧客的急迫感（急迫性）。尤其是商品庫存數量有限時，例如「庫存僅限○○個」等敘述，由於無法預測何時會售罄，所以會產生比時間稀缺性更高的急迫感。

- 限制資訊：為了接收最新的折扣資訊，有時必須訂閱電子報。這是透過限制訪問，相對提高資訊的價值，目的是要讓心裡「想要比其他人獲得更好資訊」的使用者採取行動。

- 招待制：Google 在推出網路郵件應用程式 Gmail 的測試版時，採用了招待制。這是因為他們當時無法為所有使用者提供足夠的儲存容量。一開始只接受最小限度的使用者，讓他們邀請幾位朋友加入，藉此巧妙地控制供需平衡，最後 Gmail 就成功發展起來。

這個資訊是否基於事實？

然而，即使有大量庫存，卻製造一種「快要售罄」的假象（**庫存稀少的訊息**），或是讓剩餘商品看起來很受歡迎（**需求高漲的訊息**），就會扭曲消費者的理性選擇。

4,980日圓(含稅)
大受歡迎！庫存稀少

4,980日圓(含稅)
大受歡迎！庫存有2雙

左邊：資訊有用度低　右邊：具體的庫存數量

可能有些企業認為「商品銷售的説法很重要」，但他們應該要意識到，消費者對於這種銷售手法已經有所察覺，變得越來越聰明了。

根據英國大型研究公司 TrinityMcQueen 的調查＊顯示，使用飯店預訂網站的使用者中，有三分之二認為網站顯示的稀缺性和社會認同訊息只是單純的「炒作行為」。其中有一半的人表示看到這種訊息時，極有可能不信任該公司，相反地，六個人當中只有一人表示相信這些訊息。

＊「Consumers Are Becoming Wise to Your Nudge」（https://behavioralscientist.org/consumers-are-becoming-wise-to-your-nudge/）

剛剛有人預訂了！

使用者沒有辦法確認訊息內容的真偽

現在所有網站都使用這種促銷訊息，消費者對其可信度抱持一定程度的懷疑。

2018 年，歐盟執行委員會和荷蘭消費者市場廳要求大型旅行預訂網站 Booking.com 改善飯店空房情況和受歡迎程度的表達方式，因為這些敘述給人留下比實際情況還要誇大的印象。

被視為問題關注的是，該公司網站上顯示的「還剩下最後○間客房！」的訊息。這個訊息給網站使用者帶來一種急迫感，催促他們立即預訂，但實際上直接和飯店聯絡，或是使用其他預訂網站，也能保證還有足夠的客房數量（之後 Booking.com 將此訊息改為更容易理解的「本網站還剩下○間客房」）。

BEFORE　　　　　　AFTER
◑ 剩下最後5間客房！　◑ 本網站還剩下5間客房

使用急迫性訊息時，不能只讓使用者感到焦急。即使急著讓他們馬上採取行動，如果沒有清楚地向使用者顯示理由，或是內容會導致誤解，那就與單純的炒作行為一樣。

買家懊悔

我們在銷售中使用心理誘因時，必須考慮這種催促動作會給顧客體驗帶來怎樣的影響。

使用「**炒作**」或「**同儕壓力**（Peer pressure）」等錯誤的急迫感表現，會導致使用者購買不想要的商品。商品暢銷對我們來說是一件好事，但是使用者可能會因為買了實際上不想要、不需要的商品而感到後悔。這樣一來，可能會出現購買後取消訂單或退貨的情況。

這種購買商品後感到後悔或不安的情況，在行銷用語中稱為「**買家懊悔**」。出現買家懊悔心情的顧客可能會陷入「認知不一致」的情況，所以需要特別注意。認知不一致是指自己的情感產生矛盾時，後來會嘗試找理由來合理化自己的心理現象。例如，自己決定後才購買商品，但還是有某些地方不滿意……這種時候，顧客會透過改變自己的想法或態度，例如認為自己「被強迫推銷」、「一定是被騙了」，試圖藉此緩和不開心的情緒。

我們必須經常傾聽顧客意見就是因為這個原因，必須經常接收新訊息，確認自己的銷售方式是否會導致長期的不利或失去顧客的信任。

稀缺性行銷的本質

在銷售場合中，為什麼要使用稀缺性和社會認同等心理誘因呢？這是為了幫助使用者做出選擇。

如果有太多選擇時，人們就會變得難以行動。許多行銷書籍都引用過「果醬實驗」的例子，應該很多人都很熟悉。

在 1990 年代，當時仍是學生的哥倫比亞大學教授希娜·艾恩嘉（Sheena S. Iyengar）在超市門口設置了果醬試吃攤位，每隔幾小時就輪流更換 6 種果醬和 24 種果醬供人試吃，以便調查顧客的反應。結果販售 24 種果醬時，只有 3% 的人購買了果醬，然而販售 6 種果醬時，卻有 30％的人購買。從這個實驗中，可以得知人們面對太多選擇時，購買意願就會降低。

當我們有太多選擇時，就會……

1. 避免做出選擇，或是延後做出選擇
2. 更有可能做出不適當的選擇
3. 對自己的選擇滿意度會降低

當然，這個理論並不適用於所有人。例如，可能也有人喜歡從好幾千種的零件中組裝自己專屬的特製電腦。如果是經營嗜好品的企業，果凍實驗的理論也許就不適用。

然而，一般而言，當人們面臨許多選擇時，往往會避免做出選擇，或是延後做出選擇。此外，當煩惱的時間越長，就越不滿意自己的決定，也極有可能出現購買後才後悔的情況。正因為如此，才會需要銷售方提供協助。

左邊：沒有協助做出明智選擇　右邊：資訊過多

MEMO　害怕被旁人拋棄＝FOMO

稀缺性行銷之所以有效，是因為它與我們現代人容易陷入的某種心理狀態密切相關。這就是所謂的「**FOMO**」，也就是「Fear of Missing Out（錯失恐懼）」的縮寫，這是一種感到不安或恐懼的心理狀態，例如擔心「是不是只有自己錯過重要資訊」。

2021 年，聲音社交媒體應用程式 Clubhouse 在行銷上使用了 FOMO 策略，使其服務急速成長。這是因為 Clubhouse 是邀請制，而且獲得伊隆・馬斯克（Elon Musk）等網紅的讚賞。此外，Clubhouse 沒有聲音存檔播放功能，這也令許多使用者出現「自己沒有及時參加就會被大家拋棄」的感受。

然而，FOMO 行銷過度也存在著一些風險。就像代表性的「SNS 疲乏」一樣，逐漸讓使用者感到厭煩，還引起類似「燃盡症候群」的狀態（目前討論 Clubhouse 的人到底還有多少呢？）。

基於這種背景，一些人也有意識地避免 FOMO 現象。尤其是出生於 1990 年代中期至 2000 年代的 Z 世代，這種趨勢最明顯。

在他們當中出現一種想法叫做 JOMO ＝「Joy Of Missing Out（錯失的樂趣）」，也就是接受自己被流行趨勢或旁人拋棄的事實，寧可享受錯過的感覺。

考慮到 Z 世代的興起，如果一味地採用過往那種 FOMO 行銷，要和他們建立長期關係就會變得更加困難。如果產品和服務中沒有融入 JOMO 要素，例如可以輕鬆暫停帳戶，或是隨意靜音不想看到的資訊，要維持業務就會比以往更加困難。

Obstruction
（妨礙）

「妨礙越大，慾望就越屬害。」

　　──法國詩人　尚・德・拉封丹（*Jean de La Fontaine*）

你是否曾經透過強迫挽留，或是讓使用者感到厭煩的方式，來阻止他們取消服務？在這個章節中，我們將詳細説明名為「Obstruction（妨礙）」的暗黑模式，這是為了阻止使用者的行動，讓取消手續變得非常複雜的手段。

蟑螂旅社（蟑螂屋）

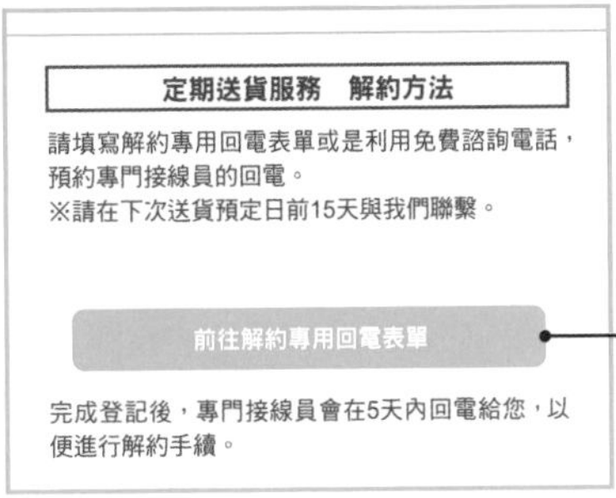

定期送貨服務　解約方法

請填寫解約專用回電表單或是利用免費諮詢電話，預約專門接線員的回電。
※請在下次送貨預定日前15天與我們聯繫。

前往解約專用回電表單

完成登記後，專門接線員會在5天內回電給您，以便進行解約手續。

加入服務很簡單，但取消卻非常困難。在這個網站上，要取消服務時，必須特地預約接線員的回電。

一旦加入就無法退出的服務設計

近年來，在暗黑模式當中特別受到關注的問題就是難以取消的服務。日本國民生活中心收到了關於惡意定期購買和訂閱服務的投訴，例如「入會很容易，但退會卻非常困難」等情況。

由於這種背景，日本在令和 3 年（西元 2021 年）修改了「特定商業交易法」，將「禁止妨礙網購契約解除的行為」納入法案中。而且今後在消費者契約法的修正法案中，也計畫納入對消費者提供資訊的努力義務，例如在網頁上要明確標示解約方法等等。

由於難以解約的服務具有一旦加入就無法退出的特性，所以設立 Darkpatterns.org 的布里格努爾將其稱為「**蟑螂旅社**（蟑螂屋）」。

加入會員簡單得讓人驚訝

在網路服務中，有些服務的入會手續簡單得讓人驚訝。例如，在大型網購平台上，前往結帳頁面的導覽按鈕，同時也兼具付費會員的免費試用按鈕功能，使用者只需點擊一下就能加入服務。

為了改善轉換率，企業經常簡化申請流程。然而，如果簡化到過於順暢的程度，使用者可能不會注意到自己已經申請了服務。此

外，在這個案例中，該公司在按鈕上使用了「視覺干擾」的暗黑模式。

退會卻非常困難

蟑螂旅社這種暗黑模式的特點是，雖然加入方式很簡單，但退會卻非常困難。

2021 年，日本國內媒體 J-CAST NEWS 報導指出，《華爾街日報》（The Wall Street Journal，簡寫 WSJ）日本版提供的數位訂閱服務很難取消，已經收到多位使用者的抱怨[*]。

　 * 「『入會是透過網路，取消則僅限打電話』讀者對《華爾街日報》日本版訂閱服務表示不滿面臨加強控管的『暗黑模式』」（https://www.j-cast.com/2021/12/03426321.html）

《華爾街日報》在入會網頁上標榜「隨時可以取消訂閱」，但取消方法卻僅限於電話。此外，受理時間只在平日早上九點到下午五點半之間，因此社群媒體上出現了「取消門檻很高」的聲音。

變成困擾行為的銷售策略

為了讓顧客終身價值最大化，許多企業會有策略地提高取消門檻。例如，有些企業要求顧客必須事先透過表單或電話預約「專門接線員的回電」，才能取消咖啡定期配送服務。

企業將退會流程限定為電話，是因為要直接和申請退會者交談，藉此產生阻止取消的機會。他們每天不斷鑽研對話腳本，例如暫停服務的建議，或是推薦低價商品作為替代方案，這都是為了阻止顧客取消。

然而，可以在網路上申請服務，卻無法在網路上取消，這對於忙碌的使用者而言是一種壓力。此外，這也嚴重損害語言障礙或聽覺障礙等難以交談的人們的便利性。

連世界級企業也會妨礙使用者的退會

2021 年 1 月，挪威政府旗下的消費者委員會向挪威消費者保護管理局提出調查申請，指控 Amazon 提供的付費服務「Amazon Prime」不當地阻止會員取消訂閱。受此影響，希臘、美國、法國、德國等 16 個歐美消費者團體都表示支持，並推動各國當局調查國內的暗黑模式使用狀況。

在挪威消費者委員會的調查*中，Amazon Prime 的退會流程有許多門檻，例如複雜的導覽選單、偏頗的用詞、容易混淆的選擇、煩人的建議等等。

* 「YOU CAN LOG OUT, BUT YOU CAN NEVER LEAVE」（2021 年／
  Forbrukerrådet）

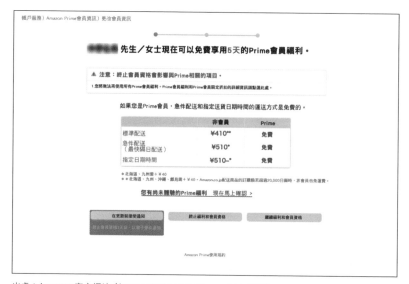

出處：Amazon 官方網站（https://www.amazon.com/-/zh_TW/）

Netflix 的退會流程方便不繁瑣

NETFLIX

取消您的會員資格？

要取消會員資格時，請按一下下方的[完成取消手續]。

· 您正在使用中的方案將於本收費週期的最後一天2021年9月12日被取消。

· 您可以隨時重啟會員資格。您的觀看記錄、各種設定和帳戶資訊將保留10個月。

☐ 是的，我希望收到Netflix寄送的新片介紹郵件。

完成取消手續　　返回

出處：Netflix 官方網站（https://www.netflix.com/tw/）

另一方面，也有企業採取不同的方法，例如提供影片串流服務的 Netflix。Netflix 提供一個步驟即可取消付費會員資格的功能，並表示會將使用者的帳戶資訊保存 10 個月，以便使用者可以隨時回來使用。當然，在這種情況下，他們也不會強制要求使用者訂閱電子報。

Netflix 理解使用者會因為各種原因離開其服務。例如，使用者可能因為生活環境改變，沒有悠閒的時間看電影，或是因為出現意外開銷，必須縮減預算。

然而，無論出於哪種原因，Netflix 相信只要繼續提供精采的內容，觀眾就會因為某個契機再次回來。Netflix 不會像競爭對手一樣強迫挽留使用者，或是在合約中設限。因為他們認為尊重對方的決定，是建構長期關係最重要的一件事。

利用損失規避心理的錯誤方法

「如果現在取消訂閱，今後將無法使用○○功能」——我們經常在退訂頁面看到這種訊息，這是利用 Chapter 3 介紹過的「損

失規避」心理，強調比起得到的東西，更加看重失去的東西的訊息。

本來，撰稿人利用損失規避心理的目的，並不是為了讓使用者感到內疚，而是為了讓他們再次想起使用服務的價值和優點。

即使是和使用者告別的場合，最重要的就是也要像初次見面時一樣，以尊重的態度對待對方。

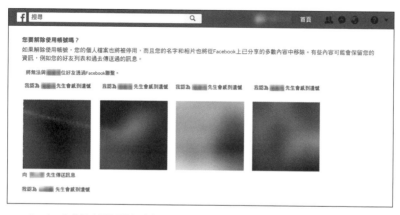

Facebook 某個時期使用的退出畫面上，顯示了「我認為○○先生會感到遺憾」的敘述。

服務提供者這種行為會深深影響使用者的印象。其中之一就是丹尼爾‧康納曼所提倡的「峰終定律（Peak-End Rule）」。根據康納曼的理論，我們判斷一個體驗的整體印象時，是根據情緒到達高峰時（最好或最壞），以及一系列事件結束時的記憶。

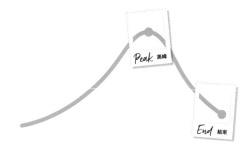

例如，看電影時，我們可能會根據故事的高潮和結尾畫面來判斷整部電影的好壞。我們並不是忘記作品中的故事細節描寫，但這部分對整體印象和評價的影響並不大。

我們所提供的服務也是一樣。無論是多麼優秀的服務，在告別時留下的印象，也可能讓一切都白費。請像熱情迎接新使用者一樣，向離去的使用者表達敬意和謝意。告訴對方你期待他們某天再次回歸，並承諾將繼續改善服務（因此在解約**完成後**的畫面進行問卷調查也是一個好方法）。

3 7

Forced action
（強制）

「信任不是靠強制產生的。」

——*19世紀美國政治家　丹尼爾・韋伯斯特（Daniel Webster）*

Forced action（強制）是指未經使用者同意下就執行特定行為，或是強迫使用者執行不想做的任務的暗黑模式。在這個章節，我們將仔細說明其中的「**強制註冊**」和「**強制續訂**」。

● 強制註冊（Forced Enrollment）

● 強制續訂（Forced Continuity）

強制註冊（Forced Enrollment）

什麼是暗黑模式？
由於歐盟實施了GDPR（一般資料保護規則），因此要求所有網站讓個人能夠管理個人資訊。當然，網站希望盡量利用大量的個人資訊，所以最近使用暗黑模式的情況就越來越多。

必須註冊會員
要閱讀之後的內容，請登入或註冊會員。

登入　　　註冊會員

使用者要使用服務時，會強迫他們執行非必要的任務。在這個網站中，只是為了閱讀部落格文章，就必須註冊個人資訊，例如姓名、電子郵件地址等等（對使用者來說沒有特別的好處）。

對於個人資訊，企業和消費者的意識存在著差異

在商業領域中，顧客清單重要到被稱為「資產」。

不論是網購平台還是線上服務，只要讓使用者註冊電子郵件地址、姓名、電話號碼和地址，從那一刻起，就能開始寄送電子報或廣告信。此外，如果還有出生年月日和性別等資訊，就可以使用這些資訊進行更加個人化的行銷。這樣就能反覆接觸使用者，對企業來說是很大的優勢。

然而，使用者並不這麼認為。他們更擔心收件匣不斷收到垃圾郵件，或是不知不覺中洩漏了個人資訊，所以可能的話，他們並不想透漏個人資訊。

當然，為了使用服務，經常必須輸入個人資訊。因此，使用者會權衡提供給企業的個人資訊和從服務中獲得的好處，在同意後才進行註冊。

然而，當中有些企業會利用其身為服務提供者的優越地位，要求過多的個人資訊。「**強制註冊**」的暗黑模式，就是當使用者試圖訪問內容或使用服務時，會強制使用者建立帳號或訂閱電子報。

隨意強制「註冊」可能會變成暗黑模式

使用社群媒體服務時必須註冊會員，這是任何人都能理解的。因為那裡是處理你的私人資訊的空間，你必須自己管理你要公開和不公開的資訊。

讓使用者心生不滿的情況，是閱讀部落格文章或是使用網站服務時，需要提供根本非必要的個人資訊或隱私資訊。例如，只是想在汽車保險估價網站估算保險，卻被要求輸入電話號碼或姓名的話，使用者一定會開始警惕行銷電話。現在網路上強調「免費」的服務，大多都是以個人資訊作為交換條件提供的。

這是因為許多企業採用了「Take-away」銷售策略。Take-away是指讓使用者產生想要、想使用的念頭，卻又在最後一刻拿走商品（提出條件），藉此提高其稀有價值的一種手段。

然而，過度的 Take-away 策略會引起使用者的不滿。

根據認證平台 Auth0 公司於 2021 年實施的調查，在大約19,400 名的調查對象中，有 83% 的人回答曾因為登入或註冊手續很繁瑣，而放棄在電子商務網站上購物或設定帳號。

強制註冊的暗黑模式與企業方「期望吸引更多顧客」的想法相反，實際上是導致使用者離開網站。

使用者註冊會員時感到不滿的情況：

- 54%─要輸入冗長的登入／註冊表單
- 51%─要輸入個人資訊（護照號碼、身分證等）
- 45%─要建立符合一定條件的密碼（位數、符號等）
- 42%─每次使用應用程式或線上服務都必須建立新的 ID／密碼
- 31%─要透過發送到自己的電話／電子郵件的動態密碼（OTP）驗證帳號

出處：「Auth0『登入體驗的期待與現實』報告～登入和註冊流程」（https://auth0.com/blog/jp-auth0-expectations-and-reality-of-login-experience/）

賈里德・斯普爾（Jared Spool）的 3 億美元按鈕

讓使用者愉快地使用服務，對業務也會帶來良好影響。作為其中一個例子，在此要介紹專門從事易用性諮詢業務的 UIE 公司創始人賈里德・斯普爾的故事。

2009 年，斯普爾在他的文章「The $300 Million Button（3 億美元的按鈕）」中，談到自己負責諮詢的一家大型購物網站。當時斯普爾受雇於經營該網站的 BestBuy 公司，試圖改善付款過程中的使用者流失率。

斯普爾和他的團隊關注的是下面這種簡單的表單畫面。

在這個購物網站上，要輸入付款資訊之前，使用者一定要登入或是建立帳號。很明顯這個強制性任務阻礙了使用者的行動，並妨礙了順暢的購物體驗。

在斯普爾進行的易用性測試中，初次使用該網站的許多使用者因為害怕要輸入個人資訊，而猶豫著是否要點擊「註冊」按鈕。此外，有些使用者試圖登入，卻不知道自己是否為回頭客，因此被拒絕了好幾次。

在更詳細的調查中，發現大多數回頭客並不記得登入資訊。回頭客忘記他們註冊時所使用的電子郵件，在所有顧客中有 45％的人註冊了數個帳號。因此導致每天發生高達 16 萬次的密碼查詢，但查詢密碼的使用者中，有 75% 的人並未購物。

這是因為表單設計者認為透過購物時必須登入帳號的步驟，使用者就不必在下次購物時輸入地址，可以更加輕鬆地購物。然而實際上，當大多數點擊購買按鈕的使用者發現購物需要登入後，就立刻表現出不滿的情緒。

因此，斯普爾的團隊進行了以下的改善措施。

為了讓使用者無須建立帳號就能購買商品，他們設置了「繼續」按鈕來取代「註冊」按鈕。並且標示了「購物時無須建立帳號」的免責聲明。

您在本網站購物時無須建立帳號。只需點擊「繼續」按鈕，即可進入結帳畫面。如果結帳時建立帳號，下次在 BestBuy.com 購物時將更加順暢。

電子郵件地址：
密碼：
忘記密碼時　　　　登入　　　　　　繼續

於是這個效果立即表現在銷售額上。在 BestBuy.com 購買商品的使用者也增加了 45％，在第一個月創下 1,500 萬美元的歷史最高銷售額。透過斯普爾的網站改善措施，在第一年帶來了 3 億美元的額外銷售額。

當企業的成功指標只聚焦於增加新會員、獲得電子報讀者時，就很容易使用強制註冊的暗黑模式。但如果企業不知道使用者如何使用自家網站，就無法意識到這種損失。

MEMO 何謂隱私祖克化（Privacy Zuckering）？

「**隱私祖克化（Privacy Zuckering）**」是以 Facebook 創辦人馬克‧祖克柏（Mark Zuckerberg）的名字命名的暗黑模式，意指服務經營者擅自公開（分享）使用者意圖之外的隱私資訊。

在 Facebook 早期階段，隱私範圍的設定方法非常複雜，而且在預設情況下會過度公開隱私資訊（因此收到許多使用者和團體的抱怨，後來 Facebook 被迫更改網站設計）。

現在，企業執行隱私祖克化的方法已經越來越巧妙。在服務使用規約中，企業加入了對自己極其有利的措辭，導致個人資訊在不知不覺中被用於行銷上，或是在本人不知情的情況下被提供給第三方。

3

暗黑模式的種類

強制續訂（Forced Continuity）

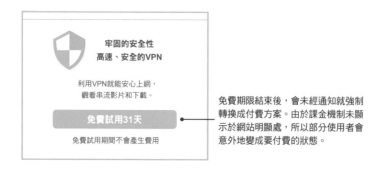

牢固的安全性
高速、安全的VPN

利用VPN就能安心上網，
觀看串流影片和下載。

免費試用31天

免費試用期間不會產生費用

免費期限結束後，會未經通知就強制
轉換成付費方案。由於課金機制未顯
示於網站明顯處，所以部分使用者會
意外地變成要付費的狀態。

企業瞄準的是免費試用後「忘記取消服務」的現象

近來，許多訂閱服務會提供免費試用。其目的是讓使用者在付款前，能夠體驗服務的價值。大多數提供免費試用的企業會蒐集使用者的信用卡資訊，而且免費試用結束後就自動轉換成付費會員的計費模式。

「**強制續訂**」是指服務免費試用期結束時，**沒有事先預告或通知**，就向使用者的信用卡收費、請款的暗黑模式。使用這種暗黑模式的企業期望有一定數量的使用者在免費試用期內忘記取消服務。因此，即使接近第一個月的請款日，他們也不會向使用者發送提醒郵件或推送通知。在惡劣案例中，甚至有些企業故意將取消訂閱的流程設計得非常複雜，以避免使用者輕鬆取消訂閱。

難以解約的網購俱樂部

在 Spotify 和 Apple Music 這種訂閱服務出現之前，早在 1970 年代就已經存在著先驅性的商業模式。那就是在美國擁有長久歷史的黑膠唱片和錄音帶郵購俱樂部「Columbia House」。

Columbia House 最大的優勢，是當你成為會員後，就能以 1 美分購買 8 張 CD（或是 12 捲錄音帶），這是令人驚訝的入會優惠。

他們販售的是未附歌詞卡的便宜合輯，但當時每張原版唱片的價格高達 19.99 美元，由於這個合理的價格，在其巔峰時期每個月有 800 萬人註冊成為會員。其商業模式是入會時選擇自己喜歡的音樂類型並寄回明信片，然後從下個月開始就會持續收到所需類型的專輯，每月會收費 22 美元。

然而，Columbia House 的商業模式正是現在所謂的「消極選擇行銷策略（Negative option）」。

會員要取消 Columbia House 的訂閱服務，必須在收到目錄後的 10 天內，將隨目錄附上的取消明信片寄回。如果超過退回日期或是忘記取消，下個月將再次收到帳單和專輯。當時的郵政狀況與現在不同，那是經常發生郵件無法投遞的時代。而且因為 10 天內這個嚴格的取消政策，即使已經不需要 CD，仍有許多人必須為此支付費用。

Columbia House 的郵購俱樂部直到 1990 年代後半都非常受歡迎，但之後很快就破產了。這是因為音樂檔案共享服務 Napster 的出現，導致會員開始將 Columbia House 的專輯違法上傳到網路上。這種試圖讓顧客「支付更多費用」的欺騙性銷售方法，卻諷刺地遭到顧客反擊，最後自食惡果結束營業。

實現「顧客優先」的 Netflix

2020 年，Netflix 做出了業界罕見的決定。他們向 12 個月內沒有觀看內容的使用者發送通知，表示在無法確認續訂意願的情況下將自動取消訂閱。產品創新總監艾迪·吳（Eddy Wu）甚至代表 Netflix 品牌說道：「我們希望這樣做能幫助顧客節省寶貴的金錢。」

協助暫時不使用Netflix的會員
進行取消步驟

您是否曾經訂閱付費服務，卻發現長期沒有使用而感到懊悔？Netflix希望向暫時不使用服務的會員停止收取費用。

因此，我們決定詢問所有加入Netflix且一年內未使用過服務的人，您是否要繼續保留會員資格？此外，我們也會對超過兩年未使用的會員進行同樣的確認。本週，我們計畫向處於這種狀況的會員發送確認信件或是應用程式通知。如果您不希望繼續保留會員資格，該會員資格將會自動取消。如果您之後改變心意，希望重啟服務時，請放心，您隨時可以輕鬆地進行手續。此外，閒置帳號數量不到Netflix總會員數的0.5%，僅數十萬人，這些取消訂閱的影響也已納入財務指引中。

Netflix一直認為註冊和取消手續應該要很簡單。因此和平常一樣，取消帳號後10個月內想要重新啟用時，您可以繼續使用會員的收藏清單、個人資料、個人化的各種設定、帳號詳細資訊。我們希望在此期間的這種新方法能幫助顧客節省寶貴的金錢。

—產品創新總監艾迪‧吳

出處：Netflix 官方網站（https://www.netflix.com/tw）

然而，為什麼 Netflix 能夠做出這種決策呢？答案是 Netflix 的產品策略始終與以下這個問題密切相關。

> 「要如何取悅顧客，並以競爭對手無法模仿的方法擴大收益？」
>
> ——*Netflix* 前產品副總裁吉布森‧比德爾（*Gibson Biddle*）

這是 Netflix 與曾經風靡全美的錄影帶出租連鎖店百事達爭奪市場占有率時發生的事。百事達模仿了 Netflix 採取的各種行銷策

略，例如在網站上設置大型紅色 CTA 按鈕、刊登一家人開心觀看電影的照片等等。

於是 Netflix 透過前所未有的優惠進行對抗。

「我們不收取滯納金。」

當時，百事達的營收有 15％來自於滯納金。Netflix 採取百事達無法模仿的策略，獲得了巨大的優勢。

Netflix 吃虧就是占便宜的提醒郵件

1997 年，Netflix 創辦人里德・哈斯廷斯（Reed Hastings）不小心忘記歸還錄影帶，因此繳納了 40 美元的滯納金給百事達，也因為這件事讓他興起創立 Netflix 的念頭。他認為「以懲罰顧客作為收益來源的商業模式是無法長久的」。

當時哈斯廷斯的哲學也反映在現在的 Netflix 提醒郵件中。

當初，Netflix 並未在免費體驗方案快要結束時向使用者發送提醒郵件。與許多訂閱服務一樣，Netflix 的機制是第一個月的付款日到來時，免費會員就會自動轉換成付費會員，並從信用卡扣款。

然而，仔細調查後發現，由於這種請款方式導致客服部門接到大量會員要求退款的電話。結果還發現每年因此造成高達 1,000 萬美元的成本開銷。

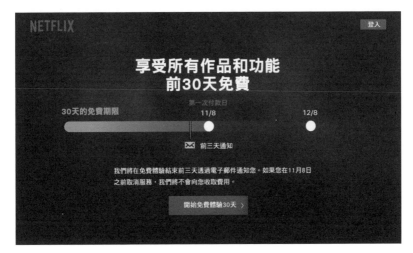

出處：Netflix 官方網站（https://www.netflix.com/tw/）

因此 Netflix 應該採取的行動已經很明顯了。為了減少客服部門的負擔，他們決定向部分使用者發送提醒郵件。他們在第一次收費的前三天通知使用者免費期限即將結束，並調查使用者的反應（在這個實驗進行的 2016 年，Netflix 的會員數接近 1 億人。訪問會員頁面的訪客中有 2％的人註冊了免費試用，當中有 90％註冊成為付費會員，這體現了他們受歡迎的程度）。

那麼，發送提醒郵件的結果會怎樣呢？

收到提醒郵件的使用者非常感謝這個出乎意料的通知，但是退訂的使用者還是增加了。轉換率從 90％下降到 85％，根據這個數值試算的話，今後向所有使用者發送提醒郵件時，預估將損失 5,000 萬美元（如果轉換率下降 5％，相當於損失 6,000 萬美元。但另一方面客服部門的成本可以節省 1,000 萬美元）。

公司內部因為這個結果掀起了大規模討論，但是當時的副總裁吉布森‧比德爾決定向所有會員發送提醒郵件。他對此事的看法如下：

「免費體驗的提醒郵件有助於建立顧客的信任，創造更加牢固的世界級品牌。Netflix 雖然虧損了 5,000 萬美元，但透過難以複製的品牌打造了長期優勢。我們無法透過 A/B 測試來衡量所有事情。但是取消訂閱的顧客中，可能會有人向朋友談起 Netflix 親切的提醒郵件，或是幾個月後再次訂閱服務。」（筆者譯）

出處：「How to Balance Customer Delight & Profits」（https://gibsonbiddle.medium.com/how-to-delight-customers-in-hard-to-copy-margin-enhancing-ways-ee53e77b214d）

現在，Netflix 的會員數已經超過 2 億人，作為一家全球企業建立了不可動搖的地位。2021 年，它在「最值得信任的企業」排行榜中位居第 8 名，還高過信用卡公司 VISA 和 Master Card。可以說因為提醒郵件造成的 5,000 萬美元的損失，早就不是損失，而是一個有價值的先行投資，是贏取顧客信任所必需的措施。

Chapter 4

如何防備暗黑模式

在本書的結尾，我們將介紹一些可以防備暗黑模式
的措施。整個企業組織要防備暗黑模式，最重要的
就是從企業組織的「機制」進行改變，而不是訴求
個人倫理。機制會改變環境，而環境又會改變人們
的行為。

讓企業組織擺脫壓力

每個人都想將工作做到最好

無論哪個專家都想將工作做到最好。例如設計師會精進設計，撰稿人會琢磨文字，行銷人則是鑽研銷售策略，企圖透過產品或服務來豐富顧客的生活。

然而，暗黑模式並沒有消失的跡象，不僅如此，企業更理所當然地使用暗黑模式，竊取顧客的金錢、時間以及個人資訊。這究竟是為什麼呢？

關於暗黑模式的常見誤解，就是認為暗黑模式是現場設計師日復一日創造出來的產物。的確從企業組織外看起來也許是這樣，但本質上並非如此。**因為在許多實例中，暗黑模式的設計者只不過是執行者。**

暗黑模式產生的背景之一是來自企業組織內部的「過多壓力」。例如，設計師可能會受到上司或客戶催促，要求增加服務的訂閱者，或是有個令人窒息的工作環境。

當然，工作總會伴隨著壓力，但要是壓力過大的話，誰都有可能不小心使用了「背離顧客需求的設計」。因為上司對自己的評價降低，或是被客戶解約，是謀生的員工最擔心的事情。

容易使用暗黑模式的場合

在我們的工作中有幾種情況容易使用暗黑模式，例如：

你在一個急速成長中的 SaaS 公司上班，剛被錄用為設計師。而你的上司——行銷經理要求你改善網頁以增加電子報讀者，並表示只要有電子郵件的清單就能接觸顧客，增加付費方案的訂閱者。

而且上司要你在兩週後的會議上發表改善成果。你幹勁十足地想著：「我一定要做出成果得到上司的認可」。

然而，一直以來你主要學習的就是品牌設計，因此對於改善轉換所需的設計不太了解。於是你翻閱了改善網站的相關專業書籍，不過無論你涉獵多少實例，也沒把握實際上是否有效。更何況你所做的就只是改變電子報訂閱頁面的外觀，你不認為在下次會議之前能得到可以報告的成果。

於是你想到一個點子。

自家公司的網站每天都有人申請成為免費會員。為了不要錯過這個機會，你決定在會員註冊頁面上設置訂閱電子報的核取方塊。

除此之外，只要將核取方塊預設為勾選，就能夠期待電子報訂閱者大幅增加。儘管一瞬間你曾猶豫著：「這樣做可以嗎？」，但是這種手法在大型企業的網站也經常被使用。而且最重要的，就只是要讓不想閱讀電子報的使用者取消勾選，所以你得出的結論是這樣做不會造成太大的問題。

結果就和你預料的一樣。在網站安裝預設為勾選的核取方塊後，電子報訂閱者與上週相比，增加了 150%。

然而，問題出在隔天。氣得滿臉通紅的上司來到你身邊說道：「電子報的取消訂閱率正急速上升中，你快想想辦法！」

為了不要讓上司更加生氣，你拼命地絞盡腦汁。然後你想到了處理這個問題的唯一方法，那就是「**努力讓使用者無法輕鬆取消訂閱電子報**」。就這樣，網站上出現了一個暗黑模式。

是否高估了數據？

企業組織中產生過大壓力的原因究竟是什麼？

原因之一是「**高估數據**」。目前可以免費使用的網站分析工具和 A/B 測試工具已廣泛普及，因此所有企業都開始採取重視數據的態度。

我們正身處更大、更快速的商業世界。舉例來說，有些新創企業的目標是想在短短幾年內就改變世界格局，或是壟斷市場占有率。

然而，這同時也意味著這些企業必須在短時間內達成商業目標。因為如果不讓業務加速成長的話，就會在此期間被其他競爭公司搶走市場占有率。

因此，企業設定了商業最終目標——KGI（Key Goal Indicators，關鍵目標指標）和 KPI（Key Performance Indicators，關鍵績效指標）。

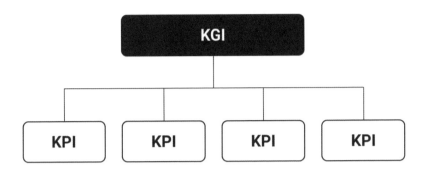

KPI 是評估「達成 KGI 所需行動」的指標。例如，在數位行銷中經常設定的 KPI 如下：

- 轉換率（CVR）
- 點擊率（CTR）
- 每次行動成本（CPA）
- 頁面瀏覽量（PV）
- 不重複使用者（UU）
- 社群媒體的互動率（按讚、曝光數）

然而，這裡有一個大陷阱。當我們試圖讓業務成長時，會毫無根據地將達成這些 KPI 定義為「整個業務的成功」。在會議上也會出現「看吧，這個數值成長了吧！所以專案一切順利。」的情況。

但實際上並非如此單純。一旦設定了錯誤的 KPI，或者是追逐單一的 KPI，就很難注意到背後發生的事實或使用者發生的變化。

MEMO　局部最佳化未必等同全體最佳化

● 改善索取資料的頁面後，**PDF 的下載數增加了**。

　→但尚未測定使用者是否看過這些內容，之後調查時，發現使用者在看過 PDF 資料後，洽詢產品的次數為 0。

● 花心思琢磨銷售郵件的主旨後，開信率提高了。

　→幕後真相是取消訂閱率上升了。郵件行銷的負責人只是使用煽情的郵件主旨誘導使用者點開郵件。

● 改成無須信用卡資料就能使用服務的免費試用版。於是**新會員的數量增加了**。

　→然而申請付費方案的試用會員數量銳減。這是因為申請付費方案必須輸入信用卡資料，要花兩次功夫註冊。

轉換只不過是使用者採取的活動之一。我們透過網站分析工具看到的各種數據也只是擷取使用者行動的一個場景，再投射在數字上而已。要如何解釋這些數據並賦予意義全憑觀看者（也就是你）的想法。

在彼得‧杜拉克（Peter‧Drucker）的著作《管理大師彼得‧杜拉克最重要的經典套書》[*]中有這樣一段文字：

「蒐集數據的行為會改變數據的對象和蒐集數據的人。」

出處：《管理大師彼得‧杜拉克最重要的經典套書》（天下雜誌，2020 年）

我們之所以喜歡使用數據，是因為它「可以讓我們進行客觀決策」，但是數據測量卻是主觀的過程。

當我們認為某個指標對業務來說很重要，開始蒐集數據後，這個指標必然包含了「**這（對我們而言）很重要**」的訊息。蒐集數據是賦予那個對象特殊意義的行為，我們會對那個數字越來越執著。

為了實現「可能持續的成長」而訂定的北極星指標

「**北極星指標**（North Star Metric）」是為了避免我們失去業務本來目的而訂定的。就像過去航行於大海的船隻，總是以指示北方的北極星作為航程的參考基準一樣，設定北極星指標，就能讓整個企業組織朝向正確的方向前進。

北極星指標是「**衡量產品是否能向顧客提供價值的唯一**」指標。它不僅是銷售額等業績指標，還必須是能夠提高顧客體驗價值的指標。

何謂北極星指標（NSM）？

● 是唯一可以測量的指標

● 是有助於提高企業業績的指標

● 除了企業指標之外，也是提高顧客體驗價值的指標

例如，通訊軟體 Slack 將「發送 2000 條以上訊息的群組數量」設為北極星指標。這是因為他們認為使用者在群組內反覆發送訊息，代表使用者有感受到這個通訊工具的價值。進一步發展這個指標，就能促進使用者持續使用，進而提高業績。換句話說，這是雙贏的狀態。

相反地，「新帳號開設數量」這種指標並不適合作為北極星指標。因為無論帳號數量增加多少，都和提高顧客體驗價值無關。

北極星指標與 KGI 或 KPI 不同

KGI 或 KPI 終究只是從「企業視角」來評估的指標。例如，許多企業將「銷售額」設為 KGI，但即使達成銷售額，那也未必會為顧客提供價值。而且如果企業提高價格，或是進行強迫推銷，就會達成數字上的目標。

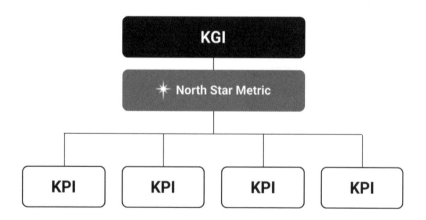

然而很明顯地，**如果企業的銷售額增長超過了向顧客提供的價值，這樣的商業模式是不可能持續的**。正因為如此，我們不僅要顧及企業視角的價值，還必須考慮從顧客角度看到的價值，再來設定指標。這就是所謂的北極星指標。

例如，全球性企業設定了以下的北極星指標：

全球性企業的北極星指標例子

 Facebook
在 10 天內新增了
7 位以上好友的使用者比例

 Spotify
音樂總播放時間

 Netflix
每個月的影片
總收看時間中位數

 Amazon
每個月的購買次數

 Airbnb
住宿預訂數量

 Uber
搭車預訂數量

 Slack
發送 2000 條
訊息的群組數量

 Zoom
每週舉辦的會議數量

可以發現每個北極星指標都掌握了企業試圖解決的顧客課題，以及解決課題所獲得的收益。北極星指標可以定義為「擴大這個指標，藉此讓業務在本質上成長」的企業突破點。

產品分析工具「Amplitude」的傳教士（Evangelist）約翰‧卡特勒（John Cutler）在《The North Star Playbook》中，列舉了優秀北極星指標具備的六個特點。這六個特點如下：

❶ 表現價值

表現出「顧客在公司產品中看到哪些價值」。

❷ 象徵產品的願景和戰略

從指標可以看出未來企業組織成長後想實現的事情（事業願景），或是透過產品想要實現的是什麼（戰略）。

❸ 導向成功的指標

是影響未來表現的「先行指標」，而不是那些即使測量了也不會推動下一步行動的「落後指標」。

```
┌─────── 先行指標 ───────┐      ┌─────── 落後指標 ───────┐
  （會影響未來成長的指標）          （使用者行動結果／虛構的指標）

  ● 商品購買次數                   ● 銷售額
  ● 已升級產品的使用者數量           ● 一天的活躍使用者數量
  ● 來自付費會員的購買數量           ● 下載次數
  ● 一個月的內容總播放時間           ● 頁面瀏覽量
  ● 上傳檔案的使用者數量             ● 頁面停留時間
  （例如線上儲存服務）              ● 註冊使用者數量
└───────────────────────┘      └───────────────────────┘
```

❹ 可能實行

我們本身就是能夠影響別人的指標。市場趨勢或競爭對手動向這些與產品無關的外部因素，不應該左右我們的行動。

❺ 任何人都能理解

企業組織中的每個人都能立即理解。不能是難以理解又抽象的東西，例如無法簡單說明，或是無法以容易理解的詞彙去表現。

❻ 可以測量

即使對顧客而言是一個強而有力的價值指標，如果實際上無法以數值來測量，那它就不是好的指標（但這只是因為「現有工具」無法測量，之後若投資新工具或許就能測量）。

北極星指標是一個反映組織願景的指標，也就是「透過服務想要這樣改變人們的生活」。除了指標錯誤或業務內容大幅改變等例外情況，基本上需要長期追蹤。

將北極星指標轉化為 KPI

決定北極星指標後，接下來就將其轉化為 KPI 吧。將北極星指標分解成「廣度」、「深度」、「頻率」、「效率」這四個要素，就能得到 KPI。

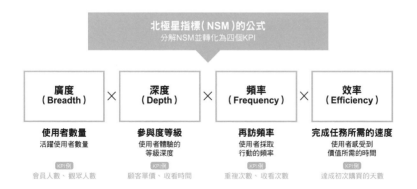

要從北極星指標來決定 KPI，而不是從銷售額中選擇，這樣業務主軸就不容易偏移。關鍵就是設定目標時，要考慮到推出服務的本來目的（企業組織存在的原因）。

防備暗黑模式的反向指標（Counter metric）

前面我們已經介紹了將「顧客體驗價值」納入企業組織目標設定的北極星指標。透過這樣的設定，整個企業組織就能朝向本來追求的方向前進。

雖說如此，成長迅速的企業組織往往會迷失自己的願景。在設計、文案、行銷等個別措施層面上，仍然存在著出現暗黑模式的可能性。

在此還有另一個關鍵，那就是「**反向指標**」。

反向指標是用來**檢查是否將北極星指標或 KPI 過度最佳化，確認是否對顧客和業務帶來不利影響的指標**。它可以說是一個警報系統的角色。北極星指標是領導整個企業組織的方向性，相對的，反向指標則是用來領導團隊和個人的方向性。

反向指標是指以下這種情況：

● 如果電子報開信率提高，就要觀察取消訂閱率。

● 如果廣告點擊率提高，就要觀察之後的轉換率。

● 如果免費試用會員的註冊率提高，就要觀察付費會員的註冊率。

● 如果網站廣告收益提高，就要觀察淨推薦值。

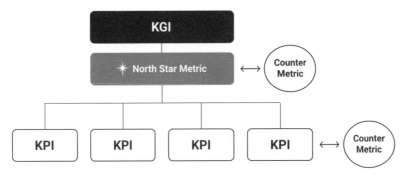

出處：參考「Tips For Product Growth Freaks」製作

如果反向指標惡化，表示目前正在努力的措施可能有問題。建議團隊在努力改進時，要事先設定測量規則（反向指標並非總是顯示固定的數值，因此請將數個百分點的波動視為容許範圍）。

MEMO 定性數據很重要的理由——
坎貝爾定律（Campbell's law）

雖然數值測定有其優點，但也要知道它並不是萬能的。

如果執著於定量數據，本來是「手段」的數值測定就會在不知不覺中被替換成企業組織的「目的」。尤其**當企業組織的數值成就與個人獎勵（報酬）或懲罰連動時**，人們的行動、動機和測量方法就容易被扭曲。

美國社會心理學家唐納・坎貝爾（Donald Campbell）主張「在社會決策中，越重要的指標越容易被操控」，這個概念後來被稱為「**坎貝爾定律**」。

「在社會決策中越是頻繁使用量化的社會指標，就越容易受到腐敗壓力的影響，也越容易曲解和腐化原本應該要監控的社會歷程。」

——社會心理學家　唐納・坎貝爾

- 如果以手術成功率來評估醫生的表現，那麼罕病患者將無法獲得手術治療。
- 如果以檢舉率來評估警察的表現，那麼警察就會放棄耗時的重大犯罪搜查，試圖逮捕小人物來提高業績。
- 如果以論文引用次數來評估大學教師的表現，那麼教師們就會形成封閉的共同體，互相引用彼此的論文。

出處：《測りすぎ——なぜパフォーマンス評価は失敗するのか？》（ジェリー・Z・ミュラー／みすず書房／2019年）

在企業的行銷活動中也會出現類似情況。例如，如果將服務解約率當作評估目標，企業組織可能會故意將解約流程變得更加複雜來降低解約率。如果將自家公司的活動報名人數作為評估目標，就可能實施垃圾郵件行銷策略來阻礙使用者的便利性。

數據測量肯定可以促進企業組織的成長，但是數據本身應該只被視為決策工具之一。我們所能測量的只是整體事物的一小部分，而要控制它們則會面臨太多不受影響的變數和外部因素。尤其在重要的決策場合，**不要只依靠「定量數據」，一定要搭配「定性數據」一起思考**。例如，使用者訪談和易用性測試對於理解數字背後的事實有極大幫助。而且這樣做還可以避免忽略未被數值化的部分，或是實施會背叛使用者的策略來追求成果。

讓你的使用者遠離風險

疑神疑鬼的使用者

網路使用者開始變得疑神疑鬼。

例如，雖然只是註冊會員，卻收到大量的垃圾郵件。如果使用線上估價網站，5 分鐘後就會接到推銷電話。如果不小心忘了打算取消的訂閱服務更新日，就會在沒有通知的情況下被扣款。

於是從使用網路的那一天開始，使用者就會了解到陷阱無處不在。為了保護重要的個人資訊、隱私和金錢，必須時刻小心。

我們應該做的就是消除這些使用者的不安。只要告知他們所擔心的風險並不存在，他們就會自願使用服務。

消除使用者的不安

首先就從了解使用者的不安開始。

你的使用者有什麼不安呢？是什麼原因讓他們無法踏出第一步？我們必須要思考應該使用哪些語言讓使用者感到安心，並且能夠採取行動。

例如，在購物網站上，使用者可能會有以下的不安：

①與金錢（付款）相關的不安

使用購物網站時，一定會面臨與金錢或付款相關的不安。例如「何時要付款？」、「運費要多少錢？」、「如果鞋子尺寸不合可以退貨嗎？」等等，使用者必須逐一處理這些問題。

為了讓使用者不必特地搜尋資訊，我們要在介面加上能夠消除他們不安的文字。最理想的做法是在促進使用者採取行動的 CTA 按鈕或輸入表單旁邊附上以下這些文字。這樣一來使用者就不會錯過它們。

- 不會產生取消費用
- 不需要信用卡
- 付費訂閱方案隨時可以取消
- 免費退貨
- 30 天內保證退款

②個人資訊和隱私的不安（數據安全）

數據安全是使用者最大的擔憂之一。使用新服務時，每個人都會懷抱不安，例如「是否會收到垃圾郵件？」、「信用卡資訊是否能得到安全保護？」。

尤其是與健康、財產、戀愛、工作相關的服務，使用者也會擔心服務業者如何處理自己的隱私資訊。一想到與收入、學歷、自身疾病有關的資訊在不知情的狀況下被分享，就會讓人感到害怕。

應該沒有人想在社群媒體上，發表自己正在使用配對應用程式的訊息。

如果考慮到使用者的不安，只告訴他們：「我們會謹慎處理個人資訊」是不夠的。請明確承諾：「我們不會向第三方提供個人資訊」。

- 我們不會發送垃圾郵件
- 我們不會向第三方提供個人資訊
- （電話號碼）僅在寄送東西需要與您聯絡時才使用
- 我們不會在未經您的許可下於社交媒體上發布您的訊息
- 信用卡資訊會受到安全的數據傳輸方式保護

---

③不明確的流程（需要花太多時間和手續）

我還記得第一次透過線上網站申請信用卡時的疲勞感。因為那時我必須填寫數量多到令人昏倒的輸入表單，還要同意好幾個條款。

在購物網站也會發生類似的情況。例如，購買流程過長，或是啟用服務前的手續太多等等。這樣只會打擊使用者，讓他們產生無力感。

請事先告訴使用者任務所需的時間和步驟數量。如果顯示出達成目標的路線，就能高效維持使用者的動力。

> ● 所需時間只要 3 分鐘
>
> ● 再 2 個步驟就完成了
>
> ● 在按下確認預訂的按鈕之前，不會產生任何費用
>
> ● 再輸入最後○個項目就完成了
>
> ● 一般會在 2 個工作天內回覆

④複雜的退會流程（可能會被挽留）

有些使用者在使用服務之前，會事先調查「是否可以順利退出服務？」的問題。例如定期購買、訂閱服務、訂閱電子報、註冊會員等服務，都應該告知使用者可以輕鬆退會。如果向使用者承諾可以隨時停止服務，而且不會有任何挽留行為，那麼使用者就會逐漸消除警戒心。

> ● 可以隨時解約
>
> ● 只需點擊一下即可停止寄送
>
> ● 可以按照喜歡的方式退會
>
> ● 不會詢問解約原因，也不會挽留使用者
>
> ● 如果在每個月 15 日之前聯繫我們，就會停止下次的定期寄送

⑤沒有自己喜歡的選擇（缺乏彈性）

企業單方面強加的規則會引起使用者的不滿。例如在合約期限內設定一年的限制，或是只能透過電話解除合約。

企業必須讓服務更有彈性。使用者期盼能夠使用符合自己喜好、生活風格的服務。

如果告訴他們：「可以隨時更改方案（可以降低等級）」，他們可能就會有想要嘗試高級方案的想法。如果告訴他們：「隨時可以停止寄送」，他們可能就會有想要嘗試閱讀的心情。**當人們擁有主導權時，通常會想要自發性地嘗試某些事物。**

- 這是稍後可以更改的事項
- 可以從彈性付款方式進行選擇
- 可以隨時暫停服務
- 可以隨時更改合約方案
- 只會收取實際使用部分的費用

當然，為了讓服務更有彈性，除了表面上的語言，**有時也必須重新評估服務的根本**。因為頁面設計師不能擅自決定免費退貨，或是更改付款規則。如果牽涉到系統問題時，有時也必須進行大規模的網站修改。

這是個很費勁的過程，但非常值得你去努力。因為你可以將競爭對手強迫使用者或是隱藏的事物，轉化為你的品牌服務優勢。首先就將目標設為比競爭對手「稍微容易使用」的服務吧。長遠來看，這個微小差距將成為使用者選擇你的服務的重要原因。

MEMO 改善服務的起點
要從「使用者的不安」來著手

改善服務時，應該以「為什麼使用者不想註冊？」作為起點，而不是先考慮「如何讓使用者註冊？」。要從了解使用者的不安、擔憂和疑問開始進行。

掌握這個關鍵的**定性資訊**就在現場。請試著詢問平常處理諮詢表單、客訴電話的客服人員。或者也可以詢問經常與顧客接觸的銷售代表。如果公司內部有 UX 研究員，他們應該會成為你的強大夥伴。

在進行訪談或問卷調查時，必須注意有些回答可能包含謊話或場面話。當人們被詢問意見時，經常會扮演理想顧客的角色，或是言行不一致（例如，在社群媒體上發表的文章，也可能包含意識到他人眼光而使用的「客套」措辭）。

最可靠的方法是觀察人們的「行動」。在使用者實際採取的行動、處理無法平復的情緒（投訴電話、開心的訊息），或是解決問題收到的回饋意見（諮詢電話、郵件）中，都隱藏著業務改善的提示。

減輕使用者的認知負荷

使用者的集中力是有限的。

智慧型手機會不斷收到通知，小孩會在房間裡奔跑，貓咪也可能坐在鍵盤上。使用者並不是在圖書館般的安靜場所操作設備。他們每隔幾十秒就會被人打擾，注意力會變得分散。

而且使用者也很急躁。他們很少一字一句地閱讀網頁（如果是為了尋找疾病治療方法而拼命閱讀文章則另當別論），而是迅速瀏覽來蒐集資訊。

我們應該做的是，即使面對這種**匆匆瀏覽的使用者**，也要讓他們能夠正確蒐集資訊。而且要讓他們沒有挫折地進行操作。因此不需要動腦就能操作的介面是必要的。

在這方面，**UX 寫作**可能是協助使用者的最佳方法。

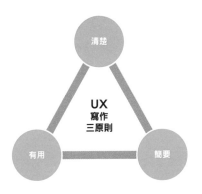

Google 產品團隊提出的 UX 寫作三原則，分別是「清楚」、「簡要」和「有用」。

UX 寫作是一種技術，包含撰寫可幫助使用網站或手機應用程式的使用者進行操作和行動的文字。

例如，按鈕上的文字、輸入表單的標籤、錯誤訊息等 Microcopy，可能看起來是不顯眼或低調的存在。然而實際上，它們卻會對產品的使用體驗和轉換率造成很大的影響（請參考 Chapter 2.2）。

除了行銷文案之外，我們也應該投資在介面的細節表現上。考慮文字、風格和語調，就能避免使用者錯過重要資訊，或是進行錯誤操作的風險。

> 「文案和介面設計一樣。優秀的介面是『寫出來』的。如果你認為每個像素、圖示、字型都很重要，那麼你也必須認為每個文字同樣重要。」（筆者譯）
>
> ——傑森‧佛萊德（*Jason Fried*）　*37signals* 總裁

出處：「Copywriting is Interface Design」（https://basecamp.com/gettingreal/09.7-copywriting-is-interface-design）

從單一樣式指南開始

隨著企業組織擴大，參與專案的人數增加後，品牌設計和措辭就容易混亂。

這是因為缺乏設計和內容的創作標準，或是疏於管理的緣故。一開始可能不會注意到內容負債的問題，但有一天會發現它已經膨脹到無計可施的程度。

因此會發生以下情況：

- 網站到處出現表達不一致的問題，讓使用者感到混亂。
- 整個網站的 UI 設計不一致，導致使用者無法進行愉快的操作。
- 品牌聲音和語調混亂，導致企業訊息無法如預期傳達出去。
- 由於內容表達不當導致廣告未通過審查等問題，使整個專案受到影響（失去可信度）。

特別需要注意的是內部封閉化的企業組織。各個部門為了提高轉換率，持續進行網頁的局部最佳化，最後可能會形成電玩遊戲場那種吵雜喧鬧的網站。

為了避免這種情況發生，並達到品牌的協調性，首先要從已經制定好設計和寫作規則的**單一樣式指南**開始。你不需要一開始就制定一個宏偉的指南。可以從真正簡單的事物開始，例如「日期表示規則」、「按鈕顏色代碼」等等。為了讓所有人都能輕鬆自然地接受，**你必須從小處開始**。

參考其他企業公開的樣式指南也是一個方法。

請看一下 Ameba 的設計系統「Spindle」以及 SmartHR 的「SmartHR Design System」。設計系統是一個更系統化的東西，包含樣式指南和元件庫。其中包括品牌識別、設計原則、品牌聲音、用語和表記規則等，而且這些東西會彼此合作。

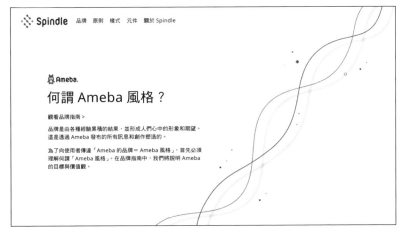

出處：Ameba Spindle（https://spindle.ameba.design）

「*Spindle* 是為了一致地向使用者傳達「*Ameba* 風格」的機制。將「*Ameba* 風格」傳達給使用者並引起共鳴，就能獲得使用者的信任。此外，*Spindle* 也是判斷應該做與不應該做的指南，是為了所有參與創作 *Ameba* 的人而存在。」

——出自　關於 *Spindle*

任何人都能・有效率地・毫不猶豫地。

出處：SmartHR Design System（https://smarthr.design/）

「我們的產品是為了改善工作效率的軟體。請記住，我們是透過提高使用者的生產力來獲取報酬的。

我們會創作容易使用、不會浪費使用者有限工作時間的優良產品。我們隨時注意作為工具的產品是否會因其狀況而影響到使用者，或是剝奪了使用者的時間。」

——出自　設計原則　使用者時間是有限的

也可以參考專注於寫作的**內容樣式指南**。美國的郵件發送平台 Mailchimp 公開了一份樣式指南，目的在於透過文字表現出

「Mailchimp風格」。此外，該指南還詳細彙整了涉及人物時的相關規則（例如種族、障礙、性別等），以及考慮到親和性的寫作方式，可以在規定許可下自由修改使用。

出處：Mailchimp Content Style Guide（https://styleguide.mailchimp.com/）

> 「*Mailchimp* 非常注重以顧客的角度去思考問題。我們也知道在行銷科技領域充斥著專業術語，就像地雷區一樣危險。正因為如此，我們會像經驗豐富、具同理心的商業夥伴一樣與您溝通交流。」（筆者譯）
>
> ── 出自　*Mailchimp* 聲音＆語調

忍不住想要分享的「11 星級體驗」

最後，我們要介紹一個尋找令人驚豔的顧客體驗的工作。

Airbnb 共同創辦人布萊恩・切斯基（Brian Chesky）在 LinkedIn 創辦人里德・霍夫曼（Reid Hoffman）的 Podcast

中，提到了他們團隊所進行的腦力激盪「11 星級體驗（11-Star Experience）」*。

* Masters of Scale - Airbnb's Brian Chesky in Handcrafted（https://mastersofscale.com/brian-chesky/）

準確來說，日語並不存在「11 星級」的說法，但是這個工作有助於找到令人驚豔的顧客體驗，讓服務透過口碑擴散出去。

這個工作從以下問題開始：

- 在你的業務中，提供哪種服務時，會獲得顧客的「5 星評價」？
- 那麼，哪種顧客體驗可以獲得 6 星評價或 7 星評價？
- 更進一步地說，如果能獲得第 10 顆星、第 11 顆星的評價，那將是哪種顧客體驗呢？

每個人可能都曾經體驗過超出期待的優質服務，而且忍不住與人分享這個體驗。

這也許是迪士尼樂園的演員為你提供的特別招待，也可能是你打開心愛品牌的禮物盒時的驚喜（相反地，你也可能曾經遇過令人失望的糟糕服務，而向身旁朋友訴說）。

布萊恩透過這個腦力激盪的過程，一直強調要去思考「讓人想要與他人分享的服務體驗」的重要性。這是一種會讓顧客終身難忘，甚至改變人生的體驗。

「我們會提出這種問題：我們能做些什麼來讓顧客感到驚喜？不僅僅是改善服務品質，我們還能做些什麼，使其成為讓人想要與他人分享的服務。」

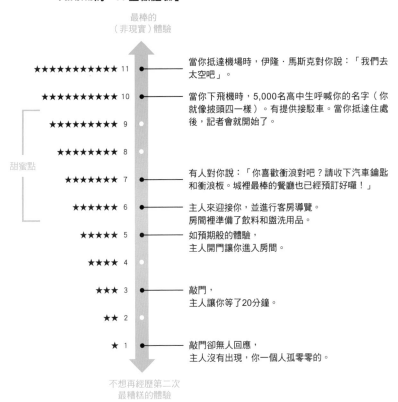

Airbnb的「11 星級體驗」

出處：參考「Masters of Scale - Airbnb's Brian Chesky in Handcrafted」製作
（https://mastersofscale.com/brian-chesky/）

我們有時會忽略服務所面臨的根本問題，試圖只透過表面上的設計來解決一切問題。我們會像貼 OK 繃一樣，亂貼上語言和設計，打算用應急措施來交差。然而，這種臨時的方法，最終將遇到很大的阻礙。

請在你工作的所有場合中，嘗試進行「11 星級體驗」的工作方式。因為這樣就能脫離商業限制，聚焦在**提供給顧客的價值**上。雖然要實現 10 顆星、11 顆星的服務可能很困難，但如果是 6 顆星～ 8 顆星的體驗，應該還是有可能實現的。

由 Hubspot 提供的 Sidekick 服務，對於一段時間沒有閱讀電子報的讀者，
會提前通知將自動停止發送。

當你設計某個東西或是撰寫文案之前，請仔細思考是否有辦法讓服務變得更簡單？是否能重新設計顧客體驗？

也許這可能超出你的工作範圍。

但是讓整個團隊一起參與，去追求「忍不住想要與人分享的服務」，也將有助於公司贏過其他競爭對手。

11星級體驗
工作單

姓名： 　　　　　日期：

體驗名稱：
「如果想要打造出真正受歡迎的內容，就必須創造出令每個人都想討論、留下印象的體驗。」
—Airbnb布萊恩‧切斯基

從5星開始：這個練習看起來極不合理，但它是為了設計最佳的顧客體驗，以便找到可能實現的甜蜜點而打造的。首先，請從可能實現的5星體驗開始。
接著再添加意想不到的元素，將滿分的5星提升到6星。反覆進行這個步驟，直到最終體驗達到11顆星。

★★★★★ 5.0

體驗名稱：
如何將5星體驗提升到6星體驗？（寫出服務內容）

★★★★★★ 6.0

體驗名稱：
怎樣才能讓使用者和顧客更驚艷，並將6星體驗提升到7星體驗？（寫出服務內容）

★★★★★★★ 7.0

體驗名稱：
要將7星體驗提升到8星體驗，應該怎麼做？（寫出服務內容）

★★★★★★★★ 8.0

體驗名稱：
要將8星體驗提升到9星體驗，應該怎麼做？（寫出服務內容）

★★★★★★★★★ 9.0

體驗名稱：
要將9星體驗提升到10星體驗，應該怎麼做？（寫出服務內容）

★★★★★★★★★★ 10.0

體驗名稱：
要將10星體驗提升到11星體驗，應該怎麼做？（寫出服務內容）

填寫到這裡後，就來尋找甜蜜點吧！

★★★★★★★★★★★ 11.0

出自 Airbnb 共同創辦人布萊恩‧切斯基在 LinkedIn 創辦人里德‧霍夫曼的 Podcast「Masters of Scale」中談到的概念
（https://mastersofscale.com/brian-chesky/）

取得範本設計師賈斯伯‧彼得森（Jesper Petersson）同意後刊登（https://www.linkedin.com/in/jesperpetersson/）

4

如何防備暗黑模式

後記

本書深入探討暗黑模式這個主題，並進行了詳細的解說。在執筆時，我考慮了一些問題。

首先，我認為本書的語調不應該去批判使用暗黑模式的企業，或是大肆宣揚正義。正如我一開始所説的，任何企業組織都可能會使用暗黑模式。本書的目的是要讓大家關注暗黑模式本身，而非向企業發洩憤怒。為了獲得更深入的洞察，我也將研究暗黑模式的數據和案例作為本書重點。

第二點則是為了讓更多人關注暗黑模式，選擇什麼樣的切入點會比較適合？

例如，在本書中，我們不是關注標準會因人而異的「倫理」或「善惡」，而是花費大量篇幅來介紹暗黑模式影響力的實驗及相關解釋。這對於理解我們所設計的產品會對消費者的決策造成多大影響非常有幫助。

此外，我認為如果企業出於短期利益使用暗黑模式的話，那也應該要提及長期風險和損失。

讀完本書後，你就會知道如何處理暗黑模式的問題。

當上司或顧客要求你使用暗黑模式時，你應該可以向他們說明什麼是暗黑模式？以及不應該使用它的理由。你可以從品牌信譽或是長期損失的角度來傳達使用暗黑模式的風險，而不是只說一句「倫理上有問題」，這樣你的意見就不是「反駁」，而是專業人士的「建議」。

如果你是企業組織的領導（或是經營者），若能將本書指定為公司內部書籍，那我會非常開心。

每年舉行一次讀書會，或是定期討論暗黑模式，將有助於建立開放式的企業組織。你所在的企業一定會逐漸開始改變。

最後，我想以美國詩人瑪雅・安傑洛的話來總結本書：

> 「人們會忘記你說過的話，你做過的事，然而，他們絕對不會忘記你帶給他們的感覺。」
>
> ——瑪雅・安傑洛（美國詩人、運動人士）

感謝你閱讀到最後。

參考資源

相關網站

- **Deceptive Design - Harry Brignull**
  （舊網站：Darkpatterns.org）
  https://www.deceptive.design/
- **Darkpatterns.jp**（日文網站）
  https://darkpatterns.jp/
- **Dark Patterns Tipline**
  https://darkpatternstipline.org/
- **DarkPattern.games**
  https://www.darkpattern.games/
- **Dark Pattern Detection Project - dapde**
  https://dapde.de/en/
- 消費者廳
  https://www.caa.go.jp

相關論文

- **Dark Patterns at Scale: Findings from a Crawl of 11K Shopping Websites**
  https://webtransparency.cs.princeton.edu/dark-patterns/

- Dark Patterns: Past, Present, and Future

  https://queue.acm.org/detail.cfm?id=3400901
- Shining a Light on Dark Patterns

  https://academic.oup.com/jla/article/13/1/43/6180579

相關書籍

- 《Evil by Design: Interaction Design to Lead Us into Temptation》（Chris Nodder 著／Wiley ／ 2013 年）
- 《The Ethical Design Handbook》（Trine Falbe、Martin Michael Frederiksen、Kim Andersen 著／ Smashing Media AG ／ 2020 年）
- 《Click! How to Encourage Clicks Without Shady Tricks》（Paul Boag 著／ Smashing Media AG ／ 2020 年）
- 《悲劇的なデザイン──あなたのデザインが誰かを傷つけたかもしれないと考えたことはありますか？》（ジョナサン・シャリアート、シンシア・サヴァール・ソシエ 著／高崎拓哉 翻譯／ビー・エヌ・エヌ新社／ 2017 年）
- 《ディフェンシブ・ウェブデザインの技術──「うまくいかないとき」に備えたデザイン、「上手に」間違えるためのデザイン》（37signals 著／ソシオメディア 監修／吉川典秀 翻譯／毎日コミュニケーションズ／ 2005 年）
- 《UX ライティングの教科書 ユーザーの心をひきつけるマイクロコピーの書き方》キネレット・イフラ 著／仲野佑希 監修／翔泳社）
- 《Web コピーライティングの新常識 ザ・マイクロコピー〔第 2 版〕》（山本琢磨 著／仲野佑希 監修／清水令子 制作協力／秀和システム）

致謝

撰寫本書時，我獲得了許多人的幫助，我要衷心感謝他們。

我要感謝暗黑模式專家，並同意企劃、出版本書的 Oricon 株式會社的山本琢磨社長。負責監修本書的網頁設計師宮田宏美女士，以及 Darkpatterns.jp 編輯部的所有成員。

感謝清水令子女士、阿部なぎさ女士、和田隆子女士、中村あゆみ女士、彥坂瑞惠女士、城山直子女士、花田真希女士、中窪円香女士、上石舞女士、杉本信子女士、竹内香世女士長期以來的照顧。也特別感謝 Cinq Etoiles 株式會社製藥的野津瑛司社長，我從他身上學到優秀的研究方法和策略，獲得很大的啟發。

感謝在我擔任公司員工時，MARUSAN 塗料株式會社的濱伸一會長、立花秀樹社長、安原紀子女士、金英亞樹先生，以及業務一組所有成員傳授給我的各種業務基礎，這些知識對我目前的工作也大有助益。

感謝一直以來支持我的企業客戶，包括 Sony Group 株式會社的木村敏之先生、福塚理恵女士、西原幸子女士、福田玲女士、宮崎由香子女士。Sony 株式會社的千葉亞矢子女士。Toreru 株式會社的宮崎超史社長、土野史隆先生。UPWARD 株式會社的勝間文香女士、大坪元先生。Speakee Pty Ltd 的 CEO サフカ・ソリ女士。博報堂 Product's 株式會社的伊藤俊輔先生。北海道博報堂株式會社的藤山博史先生。

感謝經由 UX 寫作媒體 KOTOBA UX 結識的人們。一直協助我營運的野田香奈子女士。Indeed 的碧翠絲‧霍蘭德（Beatrix Holland）女士。在讀書會承蒙多方照顧的 Heartiness 株式會社的高橋慈子社長。Cybozu 株式會社的仲田尚央先生、殿岡理惠女士。Internet Initiative 株式會社的新麗女士、三宅早智女士。commmune 株式會社的大善夏美女士。總是為我提供全新學習機會的 Paidy 株式會社的宮崎直人先生。在訪談中提供協助的 SmartHR 株式會社的高田邦明先生。

另外，我要向同意本書企劃的翔泳社的関根康浩先生表示衷心的感謝。

我還要感謝一直支持我的父母、awendarap LLC 的清水達也先生、設計師今村真一先生、提供英語協助的強尼‧拉克特（Johnny Rakete）先生，Otai Audio 株式會社的井上揚介社長。感謝 UX Writing Hub 的尤瓦‧克什切爾（Yuval Keshtcher）先生和 Nemala 的金奈特‧伊夫拉（Kinneret Yifrah）女士，讓我學到許多有助職涯發展的知識。

最後，我要感謝拿起本書的你。如果本書能成為你思考暗黑模式的契機，那將是我的榮幸，真的非常感謝你。

仲野佑希

The Dark Pattern 暗黑模式｜
欺騙使用者心理與行為的設計

作　　　者：仲野佑希
監　　　修：宮田宏美 / DARK PATTERN JP 編輯部
插圖設計：宮嶋章文
譯　　　者：邱顯惠
企劃編輯：江佳慧
文字編輯：江雅鈴
設計裝幀：張寶莉
發　行　人：廖文良

發　行　所：碁峰資訊股份有限公司
地　　　址：台北市南港區三重路 66 號 7 樓之 6
電　　　話：(02)2788-2408
傳　　　真：(02)8192-4433
網　　　站：www.gotop.com.tw
書　　　號：ACU085200
版　　　次：2024 年 09 月初版
建議售價：NT$450

國家圖書館出版品預行編目資料

The Dark Pattern 暗黑模式：欺騙使用者心理與行為的設
計 / 仲野佑希原著；邱顯惠譯. -- 初版. -- 臺北市：碁
峰資訊, 2024.09
　　面；　　公分
　　ISBN 978-626-324-906-6(平裝)
　　1.CST：網路行銷　2.CST：網頁設計　3.CST：消費
者心理學
496.34　　　　　　　　　　　　　　　113013850